建立信任×促進合作，將遠見變為現實，從競爭中脫穎而出的關鍵策略

LEADERSHIP

激發潛藏的領導力

企業管理變得輕鬆愜意

實現無為而治，成就卓越領導力
從選才到用才，掌握人才管理的精髓
建立優秀企業文化，打造最佳團隊
創新與管理，現代領導者的必修課
培養良好的日常習慣，提升領袖品格

趙建華
劉建平 著

目錄

第三章　卓越領導者如何管理人才

第四章　領導藝術的六項修練

第五章　結尾

參考資料

推薦序

乾坤智慧，幸福人生

建華老師是我的老朋友，也是我的良師。他讓我為本書寫序，讓我深感壓力。因為他在領導藝術的研究中已經遙遙領先，無論從他在大學擔任科學研究中心主任的身分上，潛心鑽研幾十年；還是從他為企業擔任顧問幾十年的實踐經驗中；還是他把領導力中的定位、測評理論等提升到空前高度的層面看，他都堪稱一流。這本書，讓我一口氣讀完，受益良多，有感而發，故斗膽聽命，為此書寫序。

我感到所有具有領導力的領袖人物都具有大愛的思想。明儒暗法，既講性本善，也講性本惡。忘記了人有性惡的一面，不用制度和法規來制約，惡的本性就會暴發，就會害人。用人不疑，疑人不用的理念坑害了很多老闆，都是性本善理論的結果。要想與狼共舞，就必須有馴服狼的本領，否則就會是東郭先生，被人恥笑，就沒有領導力。用制度和流程剝奪一切人的特權，包括剝奪 CEO 的特權，用人要疑，疑人也可以用，就有很多人可用，企業就能做大。

在制度和流程的設計和制定能力上，才真正看得出領導力和領導藝術來。遺憾的是，多少年來誰人看得懂、看得透。建華老師都在書中涉及了，從中受益一點點都很了不起啊。

有人說：20 世紀是「管理的世紀」，21 世紀是「領導的世紀」。領導學正愈發變得炙手可熱。如果您有機會在茫茫書海中，看到這本書，您就能體會到很多只可意會、難以言傳的藝術感。

趙建華、劉建平兩位作者結合多年的理論研究、培訓推廣和領導實踐，深刻地感受到，領導力是可以複製的，領導藝術是可以透過修練獲得的。

趙建華老師 20 餘年來已培養了 300 多位億萬富翁，素有「富豪教練」之美譽。為讓更多的讀者受益，兩位作者集多年心血，最終將領導藝術相關的知識、經驗、觀點和修練方法彙編成一書，付梓出版，希望對廣大讀者有幫助。

領導學是一門博大精深的學科，用薄薄的一本書不可能面面俱到。兩位作者本著有所為有所不為的原則，結合大量古今中外的經典案例，娓娓道來，重點回答了 2 個 W、1 個 H 的問題：即領導是什麼（Who），領導的本質是什麼，領導力是什麼，領導者的最高境界又是什麼。領導者應當作什麼（What），領導者日理萬機，工作千頭萬緒，必須集中精力做「正確的事」，才能事半功倍。作者以「出主意，用幹部」為主線，回答了卓越領導者的職責定位。應當怎麼做才能成為卓越的領導者（How）是更多讀者關心思考的問題，兩位作者結合多年來的研究成果，提出了領導藝術的六項修練，針對性強，具有較強的可行性和較好的可複製性。

曾幾何時，「幸福」成為了媒體和街頭巷尾的一個熱門詞彙。「你幸福嗎？」這個簡單的問句也曾引發當代人對幸福的深入思考。兩位作者的觀點認為，領導學是一門讓人更幸福的學科，不論你是現在的領導者，還是在通往領導者路上的潛在領導者，或者是追求幸福的普通大眾，閱讀本書都能讓你更幸福，它能告訴現在的領導者方法，讓你未雨綢繆，做好重要而不緊急的事，瀟瀟灑灑地當好領導者；它能告訴潛在的領導者技巧，讓你不至於在黑暗中摸索太長的時間，尋找通往成功領導者之路的捷徑；它能告訴追求幸福的普通大眾和領導者是怎麼想的，透過換位思考，讓你與領導者相處得更和諧，更幸福。從這個意義上說，本書還具有很強的普遍性，對很多讀者都是有參考價值的。

芸芸眾生，人各有志。或許你無心仕途，可能並不想成為領導者，或者你無心名利，只追求自我的心理寧靜，但是，你無論多任性，也應該不會拒絕幸福。

推薦序　乾坤智慧，幸福人生

擁有這本書，或許你能從中找到通往幸福的金鑰匙，從此踏上幸福大道。

親愛的讀者朋友們，讓我們跟隨趙建華、劉建平兩位老師，一起走進此書，要麼當好玉皇大帝，要麼當好如來佛，要麼當好一個「好事落不下，壞事不上身」的普通人，去敲開幸福之門吧！

著名教育企業家、演講家、訓練專家

孟昭春

第一章

領導藝術概論

一些古代經典著作，如四大名著《三國演義》、《水滸傳》、《西遊記》、《紅樓夢》，歷經大浪淘沙，卻經久不衰，歷久彌新，讓人嘆為觀止。它們如同一座神奇的聚寶盆，儘管被人們從不同的視角和方位開發和挖掘，卻始終揮灑著取之不盡、用之不竭的神奇魅力。什麼樣的讀者，就會讀出什麼樣的《紅樓夢》，就會讀出什麼樣的四大名著。

「領導學」就如同這些經典名著一樣，也是一個博大精深的聚寶盆，任何人都可以從中獲取自己所需的寶藏，但鑑於視角的局限和自身知識面的限制，只能看到冰山的一角，可以無限地接近真相，但永遠在接近真相的路上。「對未知的探索、欣賞和好奇是我的愛好，好奇心讓人受益」。領導學沒有窮解，總有未知的領域有待研究，也正是其真正魅力所在，「引無數英雄競折腰」，一代一代充滿探索精神的人前赴後繼，樂此不疲地行進在研究領導藝術的路上。

在我們從事領導力的研究、教學和諮商過程中，也曾經幫助過大量領導者，他們中有很多是草根創業，沒有任何背景，透過堅持學習和修練，大大開發了領導潛力，實現了良好的業績，有的已經成為非常優秀的領導者。正因為如此，長期以來，很多領導者朋友都勸我將相關的知識、經驗、觀點和修練方法付諸文字，讓更多的領導者受益。他們的成功，也讓我堅信：領導力是可以複製的。「贈人玫瑰，手留餘香」能讓更多的讀者受益，幫助更多的人成功，成為鞭策我們著作此書的動力。

領導的藝術和修練絕不是一本小書能夠寫盡的，其中蘊含的博大哲學智慧也非吾輩所能參透，本書只是結合大量古今中外案例，也試圖從冰山的一角，與大家共同分享領導藝術的學習和修練。

一、

大道至簡：領導的本質是影響力

狄更斯（Charles John Huffam Dickens）的《雙城記》（*A Tale of Two Cities*）中有一段十分經典的話：這是最好的時代，這是最壞的時代；這是智慧的時代，也是愚蠢的時代；這是信仰的時期，也是懷疑的時期；這是光明的季節，也是黑暗的季節；這是希望之春，也是失望之冬；人們面前有著各樣事物，人們面前一無所有；人們正在直登天堂，人們正在直下地獄。

古往今來，無數政治人物、社會名流、理論菁英，甚至街頭賣藝說書的，乃至普通的社會民眾，都試圖從不同視角，對領導做出了自己認為合理的解讀，可謂仁者見仁，智者見智。

蘇東坡有詩云：「橫看成嶺側成峰，遠近高低各不同；不識廬山真面目，只緣身在此山中。」對於領導的研究，雖然不乏各式各樣的學說、著作，但是，大家如同盲人摸象一樣，看到的都是問題的一部分，都具有一定的道理。J.M. 柏恩斯（J.M.Burns）說：「領導力是這個世界上觀察的人最多但理解的人最少的一個現象。」

領導是一個影響群體成功地實現目標的過程。領導者界定為那些能夠影響他人並擁有管理職權的人。領導者與管理者是不完全一樣的，管理者是受到上級任命在職位上從事工作的，他們的影響力來自這一職位賦予的正式權力。與此形成對照，領導者可以是上級任命的，也可以是從群體中自發產生出來的，領導者可以運用正式權力之外的活動影響他人。從理論上說，所有的管理者都應該是領導者，但是，未必所有領導者同時也是管理者，也就是說，未必所有領導者都必須具備有效管理者應具備的能力或技能。傑克．威爾許（Jack Welch）曾經打過這樣的形象比喻，把梯子正確地靠在牆上是管理的職責，領導的作用在於確保梯子靠在正確的牆上。

對於領導這個詞，搜尋引擎給出了這樣的答案：領導是領導者為實現組織的目標而運用權力向其下屬施加影響力的一種行為或行為過程。

《左氏春秋》中說：「主帥無能，累死三軍。」借用紙上談兵的趙括，從反面證實了領導具有舉足輕重的作用，正可謂是「千軍易得，一將難求。」

世界著名的軍事家、政治家拿破崙（Napoléon Bonaparte）說：「一隻獅子帶領著的一群羊能打敗一隻羊帶領著的一群獅子。」這句話也是對領導的形象注解，充分說明了領導在一個團隊中的重要作用。一個領導者的好壞，可以決定一個團隊的興衰成敗。

什麼是領導？簡單地說，「領」就是帶領，就是走在前面，做在前面，身先士卒；「導」就是引導、教導。只有「領」好了，「導」才能發揮作用。自己滿臉髒東西，怎麼號召人家講衛生？你在臺上講人、人在臺下講你，你講的還有什麼用？

領導不僅是領導者個人的事，它關係著一個團隊的整體利益，與每一個普通民眾都息息相關。領導雖然不做具體工作，但其發揮的作用卻是巨大的。

在大眾眼中，領導者似乎風光無限，所在之處，鞍前馬後，前呼後應，整日聚焦於鎂光燈下，奔走於五湖四海，是一些生活在人世間卻在凡人之上的超人，但是領導是苦悶孤獨的，「高處不勝寒」。在從事教學、培訓與諮商的實踐中，我們發現：幾乎所有成功的領導者，也曾在相當一段時間感到迷茫、困惑甚至沮喪，即使他們對外表現了自信的氣場，但內心深處卻充滿了憂患和不安，他們比普通的大眾更孤獨。

有這樣一個富有哲理的小故事，英國某家報紙曾舉辦一項高額獎金的有獎徵答活動。題目是在一個充氣不足的熱氣球上，載著三位關係世界興亡命運的科學家。第一位是環保專家，他的研究可拯救無數人們，免於因環境汙染而面臨死亡的厄運。第二位是核子專家，他有能力防止全球性的核子戰爭，使地球免於遭受滅亡的絕境。第三位是糧食專家，他能在不毛之地，運用專業知識成功地種植食物，使幾千萬人脫離饑荒而亡的命運。此刻熱氣球即將墜毀，必須丟出一個人以減輕載重，使其餘的兩人得以存活，請問該丟下哪一位科學家？

問題刊出之後，因為獎金數額龐大，信件如雪片飛來。在這些信中，每個人皆竭盡所能，甚至天馬行空地闡述他們認為必須丟下哪位科學家的總體見解。最後結果揭曉，巨額獎金的得主是一個小男孩。他的答案是將最胖的那位科學家丟出去。

老子曾經說過：「治大國若烹小鮮。」意思是說，治理國家如同烹調小魚一樣，具有相通之處，需要火候適當，調味料適量，才能做出色香味俱全的美味來。大道至簡，大道相通，探究領導的規律是複雜多變的，但就其本質而言，又是淺顯易懂的，簡單得如同烹調小魚一樣。一言以蔽之，領導的本質在於影響並帶動。影響就是注重過程，帶動就是執行結果，兩者有機結合，吸引追隨者共事創業，這時，領導行為就產生了。

二、

領導學：讓人更幸福的熱門學科

有人說：已經過去的 20 世紀被公認為是「管理的世紀」，而從 20 世紀後期開始到今天的 21 世紀，人類開始進入了「領導的世紀」。對領導科學的研究將備受社會各界關注，必將成為一個更受廣泛研究的組織行為課題，各種主義、各種流派的紛爭將會更加泛濫，在各種觀點的碰撞過程中必將迸發出新的科學論斷。

著名心理學家佛洛伊德（Sigmund Freud）說過，我們做任何事，都起自兩個動機：性的渴望和做偉人的欲望。人性中最深切的稟質，是被人賞識的渴望。人人都希望擁有權力，渴望成功，都希望自己能成為一名領導者，一個重要人物，甚至成為一名偉人。「學而優則仕」，這是激勵人們奮發前行的不竭動力，也將吸引一批又一批的仁人志士研究領導學，參與領導實踐中來，必將進一步催熱領導學這一學科。

領導藝術既是陽春白雪，又是下里巴人，無處不在，無時不有，大到治理國家，管理社會，帶兵打仗，經營企業，小到治理家庭，甚至孩子們玩遊戲、扮家家酒時，都需要領導藝術。在一群玩耍遊戲的孩子中，我們總是不難發現，有一個孩子會與眾不同，他就是孩子王，是孩子中的領導。不論是昨天，今天，還是明天，我們一再發現，領導並不是少數幾個擁有領導的超凡能力的男人和女人的專利，領導是每一個人的事。每一個人，不論平凡或傑出，不論現在是不是領導，都存在領導的問題，都需要學習領導藝術。

領導學與我們的生活息息相關，很多社會現象背後的實質其實也是領導和管理的問題。富士康員工跳樓事件曾引起社會各界乃至全球的關注，自 2010 年 1 月 23 日到 2010 年 11 月 5 日，短短不到 10 個月的時間，富士康遭遇了員工「十四連跳」。這些跳樓的員工大多是富士康的新員工，社會各界往往把他們自殺的原因歸結為情感困擾、工作壓力大、產業轉型等因素，但從領導學的視角來看，主要是集團管理強調執行劃一、步調一致與員工個性覺醒、生活孤單之間的矛盾越來越凸出，而化解團隊與員工的矛盾，實現團隊與員工的共同發展，正是領導學研究的範疇。頭痛醫頭，腳痛醫腳，是無法根治跳樓問題的，根治這一頑疾的良方還得依靠領導藝術。

如其他學科一樣，領導學也是分形、術、道三個層次的。所謂「形」，就是盲目效仿，社會流行什麼，就跟著學什麼，其結果可能是東施效顰，不僅不能提升領導力，原來堅持的好東西可能也荒廢了。有些老闆不惜重金，跟風追雨去學EMBA（高階管理碩士班），沒學之前公司還能實現正常運轉，「學以致用」後，將國內外大公司的先進做法、案例引入公司後，公司經營狀況不升反降，反倒每況愈下了，這些人學習領導學的層次就停留在形的層面上。所謂「術」，指的是領導技巧，SWOT 分析、五力分析（Porter Five Forces）、彼得．杜拉克（Peter Ferdinand Drucker）的管理理論、公平理論、期望理論等都屬於領導技巧，這些技巧作為一種理論工具，有用、有效，但發揮的作用有限。應該說，大多數人都停留在這個層面上。所謂「道」，指的是領導的核心，學習了領導的思想和思想體系，掌握了領導的本質，能夠融會貫通，創新實踐，運用自如。某集團總裁在談太極裡的企業管理哲學時，就達到了「道」的境界，他說：「我覺得太極拳帶給我最大的是哲學上的思考。陰和陽，物極必反，什麼時候該收，什麼時候該放，什麼時候該化，什麼時候該聚。這些東西跟企業裡面是一模一樣的。」學習了領導藝術的「道」，可以讓我們收穫頗豐，提升我們駕馭幸福、創造財富的能力，提升我們的幸福指數，讓我們的生活更簡單、更瀟灑、更美好，更有價值和影響力。

都想當領導者是不現實的，團隊的遊戲規則永遠是少數的領導者領導大多數被領導者，但是，即使一個人不求上進，甘於平凡，願意永遠居於被領導的位置，學習一下領導學也是很有必要的。因為，一個不能真正理解領導者的被領導者，就不會換位思考，不知道領導者在考慮什麼問題，希望達到什麼結果，就會走很多彎路，事倍功半，甚至會犯下人生大錯。從這一點來說，不論對現在的領導者，還是對在路上的未來領導者，甚至是永遠甘居平凡的被領導者，領導學都是一門很實用的學科。

三、
領導與品牌的互動關係

一個品牌記錄著一段歷史，承載著文化價值，影響著一個時代，連線著一個國家的興衰成敗。世界經濟浪潮風起雲湧，你方唱罷我登場，每天都在上演著一個個關於品牌的故事。品牌故事的領銜主演就是領導者，領導者是講述品牌故事永遠繞不過去的「檻」。

比爾蓋茲（Bill Gates）與微軟、賈伯斯（Steven Paul Jobs）與蘋果等演繹的都是領導者與品牌之間的故事。沒有前面的領導者，就沒有後面的品牌，領導者的名字深深地烙印在品牌之中。縱使他們已經退休或離去，他們的名字仍然與品牌緊緊地連繫在一起，你中有我，我中有你，不可分離。有人說，榮譽的最高境界是你已遠離江湖，江湖還有你的傳說，他們做到了，達到了榮譽的最高境界。

案例：崛起與衰落

「業務聚焦」是 A 公司發展策略的核心內容，不為其他行業的高利潤所動；B 公司採取的是多元化策略，從電冰箱製冷家電開始，又進入了白色家電、黑色家電，再進入電腦業、製藥業、房地產業、金融業、文化產業等。A 公司和 B 公司是兩家在世界上有一定影響的企業。兩家公司 2004 年的銷售收入分別是 400 億元和 1,016 億元，但到了 2013 年，A 達到 2,400 億元而 B 只有 1,800 億元，利潤分別是 286 億元和 108 億元，B 公司的發展速度、盈利能力都已經遠遠落後於 A 公司。僅僅 10 年時間，為什麼 A 公司在不斷壯大，而 B 公司在日漸衰落？

其一，在於老闆的不同。

兩位老闆的不同之處，最明顯的，是 A 老闆的低調和 B 老闆的高調。A 老闆從來不接受任何媒體的採訪，他不希望出名，不願意成為媒體的焦點。而 B 老闆恰好相反，他會想盡一切辦法讓自己曝光。

其二，在於文化的不同。

有什麼樣的老闆，就會有什麼樣的企業文化。可以說，企業文化的每個毛孔都透露著一把手的氣息，都反映了一把手的鮮明個性。

A 公司的核心價值觀是「以客戶為中心，以奮鬥者為本」，B 公司的核心價值觀是「創新」。核心價值觀是企業的靈魂，從兩個企業我們可以看出，A 公司的核心價值觀指向更清晰，更具有實際意義。

A 公司的「以奮鬥者為本」不是一句口號，而是落實到了具體的行動之中。雖然是民營企業，但老闆僅僅持有公司 1.42%的股份，更多的股份給予了公司的每一個奮鬥者，利益共享機制的建立，是 A 公司造就一大批奮鬥者的根本。

B 公司所強調的「創新」，主要反映在了內部管理上，一些花樣翻新的管理理念，讓外人看得眼花撩亂。而 B 老闆是堅決反對管理上的盲目創新的，這是兩個老闆在文化上的最大不同。

其三，在於策略的不同。

「業務聚焦」是 A 公司發展策略的核心內容，不為其他行業的高利潤所動，絕不進入電信以外的其他行業。

B 公司採取的是多元化策略，從電冰箱製冷家電開始，又進入了白色家電、黑色家電，再進入電腦業、製藥業、房地產業、金融業、文化產業等，幾十年下來後，B 公司究竟哪款產品能讓使用者最佩服？

以上三點差別，導致兩種完全不同的結果，A 公司在迅速發展，B 公司在走向衰敗。

這一現象，歸根結柢還是老闆的問題，是用人的問題，是對人性的理解和掌握的問題。所謂「人人是人才、賽馬不相馬」，即使喊上千遍萬遍，最終也培養不出幾個像樣的人才；而 A 老闆的「高薪是第一推動力」，吸引了有識之士加盟，並最終實現了個人和企業的雙贏。

四、領導者應具備的基本素養

領導者是時代的跟風者，是引領團隊前進的火車頭，必須要擁有做好活的「金剛鑽」，具備卓越的素養，才能擔當重任。運動員、音樂家、工程師等只需擅長一件事就能夠實現卓越，領導者卻明顯不同，他們需要多種素養的有效組合，可以什麼都不精通，但什麼都要知道一些，否則就無法實現有效的領導和掌控。

1. 領導者的 5 種素養讓大多數追隨者產生信賴

透過開放式問題的方式，詹姆斯．M．庫茲（James Kouzes）與貝瑞．波斯納（Barry Z. Posner）將領導者應具備的素養概括為 20 種特質，在全世界調查了 7,500 多人，讓他們選出「在他們願意追隨的領導者身上他們最想看到的 7 項特質」。

調查結果在不同的年分具有一定的規律，結果見表 1-1。

表 1-1 受人尊敬的領導者特質

特質	選擇該特質的受訪者的百分比（%）		
	2002 年版	1995 年版	1987 年版
真誠	88	88	83
有前瞻性	71	75	62
有能力	66	63	67
有激情	65	68	58
聰明	47	40	43
公平	42	49	40
氣量大	40	40	37
能支持別人	35	41	32
坦率	34	33	34
可靠	33	32	33

說明：數據所代表的被調查者來自 6 個洲：非洲、北美洲、南美洲、亞洲、歐洲和澳洲。他們大部分是美國人。

所有的特質都有人選擇，這說明每一項對某些人來說都很重要，但只有 4 項特質有超過 50%的人選擇。不同的人選擇的特質不盡相同，但人們最想從一個領導者身上看到的特質是一樣的。數據清楚地顯示，要讓人們自願地追隨某個人，必須讓大多數的追隨者相信領導者具有以下特質。

一、真誠

真誠在領導者與追隨者之間的關係中非常重要。選擇真誠的人所占比例各年不盡相同，但它總是占據了第一名的位置。

很明顯，如果人們願意追隨某個人——不管是去打仗還是在企業經營中，他們首先要在心中承認，這個人值得信賴。他們希望他誠實、講道德、有原則。當人們向我們講述他們尊敬的領導者特質的時候，他們常用「正直」、「有個性」來形容真誠。有近 90%的人選擇了真誠作為他們的領導者應具備的特質，這意味著所有的領導者都必須贏得人們的心。

二、有前瞻性

被調查者中有近 70%的人選擇了前瞻的能力作為他們最想追隨的領導者特質。人們希望領導者知曉前進的方向，關心企業的未來。

有前瞻性並不意味著要先知先覺，而是要腳踏實地的確定一個公司、一個機構或者是一個社會的前進目標。願景能誘導人們一步步邁向未來。我們希望領導者對未來有明確的方向；我們想知道，在 6 個季度或 6 年以後當組織達到目標的時候會是什麼樣子。我們希望有人能詳盡地描述出來我們要達到的彼岸在哪裡，這樣我們才能選擇到達的路線。

當我們調查組織高階管理人員的時候，選擇有前瞻性作為理想的領導者應具備的特質的人約有95%，當我們調查一線監督管理人員時，選擇有前瞻性的大約只有60%。這個巨大的差距說明，人們的期望與他工作的廣度、範圍和時間長短相關。

與一線的人員相比，更多的高層人員能夠看到對未來擁有長期視角的必要性。

三、有能力

我們必須相信帶領我們前進的人有能力這樣做。我們必須看到領導者能力強，能有效發揮領導作用。如果我們懷疑領導者的能力，就不可能跟他走。

領導者的能力是指領導者過去的成就和做事的能力。這種能力讓人們相信他能夠帶領整個組織 —— 無論大小 —— 沿著既定的道路前進。

相關經驗也是構成能力的一個因素 —— 一個不同於技術專家的因素。經驗是指領導者曾經積極參與了各種活動，從中累積了一些知識。經驗的多少與能否成功相關。經驗越多，越可能成功。

一個領導者必須有能力讓其他人把最好的一面發揮出來 —— 讓其他人行動起來。實際上，最新的研究顯示，能否讓其他人行動起來是一個企業高層人員成敗的關鍵所在。我們認為這一點對組織各個級別的人員均適用，也適用於各種機構的領導者。一個領導者最重要的一項能力就是能夠與其他人很好地合作。領導是一種人與人之間的關係，處理這種關係的技能是領導成功的關鍵。

四、有熱情

下屬希望自己的領導者是一個熱心、充滿活力、對未來充滿希望的人。我們希望他有熱情——就像一個啦啦隊隊長一樣。一個領導者對未來有夢想，這還不夠，一個領導者還必須不斷向我們描繪美景，鼓勵我們在漫長的旅途中保持前進。

我們都渴望在日常的工作中找到一些偉大的目標和價值。雖然一個領導者熱心、充滿活力、態度積極並不能改變工作的內容，但能讓工作變得更有意義。無論環境怎樣，如果一個領導者能夠在我們的夢想和欲望中注入活力，我們會更願意獻身於實現夢想的運動中。

有熱情的領導能使我們的生活變得有目的、有意義。另外，對未來保持樂觀積極的態度能為人們帶來希望。這在任何時候都非常重要。在一個充滿不確定性的年代，領導者保持積極樂觀是讓其他人保持樂觀向上精神的最基本要點。當人們對未來感到擔心、害怕、忐忑不安的時候，最起碼他們不希望看到做領導的也是這樣。人們希望從領導者的語言、行動和舉止上看出能戰勝困難。情緒總是會傳染的，樂觀的情緒能夠在組織內引起共鳴，並且注入與追隨者的關係中。要在特殊的時期做特別的事情，領導者必須用熱情感染別人，所以他只能保持積極樂觀的精神。

五、信譽是根本

人們希望領導者有信譽，信譽是領導的根本。我們必須相信，他們說的話是可信的，他們說什麼就做什麼，他們熱心於帶領大家朝著某個方向前進，他們有足夠的知識和技能領導大家。

因為這個發現是如此地普遍和一致，我們把它稱為領導第一法則：如果你不信任提供資訊的人，你也就不會相信該資訊。

我們發現，如果人們認為自己的頂頭上司具有較高的信譽，他們的行為可能是：

驕傲地告訴其他人自己是該組織的一部分；

具有較強的團隊意識；

認為自己的理念與組織的一致；

感到自己屬於這個組織，全身心地投入組織的活動；

對組織有一種主角的感覺。

另一方面，如果人們認為自己的經理具有較低的信譽，他們更可能：

只有在被仔細盯著的情況下才做事；

主要靠錢來激勵；

在公開的場合說組織的好話，在私下的場合說壞話；

組織一旦出問題就考慮找另外一份工作；

感到沒有得到支持，沒有受到欣賞。

這清楚的說明，領導者的信譽對員工的態度和行為具有深刻的影響，員工的態度和行為也可以清楚地說明組織領導者的信譽情況。信譽讓事情變樣。領導者必須獲得信譽。忠誠、投入、活力和生產率全靠它。

信譽不僅關係到員工的態度，也影響員工的忠誠、顧客的忠誠和投資者的忠誠。

2. 領導力帳篷模型：領導者 5 大素養

在我們對大量的領導者素養數據進行實證分析後發現，所有對領導力造成重要影響的素養都可以歸納入這 5 大素養中。為了便於記憶和分析，我們將它們比喻為撐起帳篷的 5 根支柱，以一個帳篷的平面圖示來說明這些要素彼此之間的關係。

領導力應該是一個整體。請設想一個傳統帳篷，中心和四周都立有支柱撐起一塊帆布。帳篷空間的大小代表了領導者的領導力有效性的高低。要使帳篷內的空間增大（也就是成為一位更有效的領導者），關鍵在於獲得多少支柱，也就是說，有效領導者的能力範圍遍及每一根支柱，並使其不斷向上延伸。如果你只有一根支柱，整個帳篷只能撐起以支柱為中心非常有限的空間。

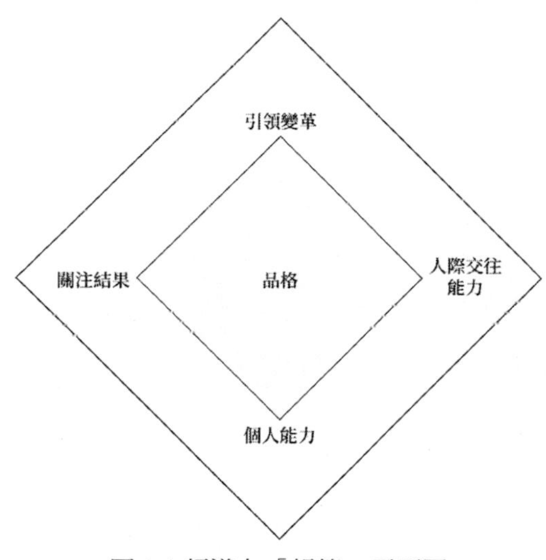

圖 1-1 領導力「帳篷」平面圖

一、品格

我們的領導力帳篷模型開始於中心支柱，這根支柱代表了個人的品格。我們認同品格是領導效能的核心，一個領導者的道德水準、誠信正直、真誠是至關重要的。

領導者若擁有良好的品格，他將不怕敞開心胸、光明磊落。事實上，領導者越能讓更多人看到內心，他就越會被認為是優秀的領導者。從另一方面來說，領導者如果缺乏上述品格，他將永遠有「被看穿」的恐懼心理。他們就像是好萊塢的拍片場景一樣，從正面看非常吸引人，但是繞行一圈後，幻象馬上破滅，只給人留下空洞。

二、個人能力

「個人能力」是帳篷的第二根支柱。它是指個人的智力、情緒特徵以及技能，其中包括了分析和解決問題的能力，以及這個人擁有的技術能力。它要求個人具備為組織建立清晰願景以及明確目標的能力。領導力無法授權。一名卓越領導者需要在這些個人能力的多方面表現優異。領導者必須情緒堅毅、信任他人、有足夠的自信心召集會議並對民眾演講。

三、關注結果

領導力帳篷的第三根支柱是「關注結果」，它指出了領導者影響組織的能力，代表著領導者達到任務的能力。領導者可能會是一個非常棒的人，但如果他們無法創造出持久的、平衡的業務結果，那他們就稱不上好的領導者。

四、人際交往能力

領導力帳篷的第四根支柱是「人際交往能力」，或與人互動時所需要的能力，包括成為一名具有感染力、才思充沛的交談者，激勵並啟迪他人，同時能與他人和其他團體一起協調合作。大量的證據顯示：領導力是透過溝通過程完成傳遞的，是領導者對組織內其他人產生的影響力。一些公司在短期內會容忍那些人際能力較差的領導者，但很少有公司對領導者的這一弱勢會長期包容。

五、引領變革

第五根支柱展現的是「在組織中產生變革的能力」，包括成為變化的支持倡導者，與外界連繫的紐帶，以及展望未來的領航人。引領變革是領導力的最高展現形式。善於管理的經理人可以讓事情平穩發展，但若組織需要尋求新的發展途徑，或是需要達到更高績效水準時，就需要領導者了。領導者面對組織中大範圍策略性變革時，就需要具備第五根支柱所代表的素養。

3. 全球商業領袖必備的 8 項能力

為什麼所有商業領袖身上所具備的熱情並不總能幫他們換來卓越成就？你是否與總部溝通時感到挫折和灰心？你是否在協調同事溝通中的誤會和衝突時感到筋疲力盡？

由頂尖人物國際諮商機構攜手《財星》（*Fortune*），針對以上問題及其原因展開了調查，並對這些現狀與其所可能產生的原因提供了詳盡的闡述。

在調查中，最為關鍵又有趣的發現是亞洲商業領袖在國際化觀念和實行能力之間的差距，這種差距需要付出更多的努力才能縮小。受訪者的觀念與其能力兩者之間最顯著的差異是全球化視野，在接受調查的企業家中絕大部分人（83%）已經意識到了國際化視野的重要性，但在實踐中具備這種能力的平均只有 22%。

全球最佳實踐包含 8 項具體能力和風格，這些能力和風格整合了國際上持續成長企業的管理者的最佳實踐。

一、全球化視野

80%以上的受訪者會說英語，但只有 28%的人在其他國家經營、發展個人的商業網路。在 8 項特徵中，全球化視野排列最先。事實上，調查顯示，受訪者很少有機會去國外學習或者是獲得對開闊視野有用的國際經歷，由此造成的後果是他們根本沒有與他人分享最佳實踐的基礎，或者是擁有維持國際化的職業網路，而這兩項卻是能夠擁有全球化視野的決定性因素。80%以上的受訪者會說英語，但其中 60%以上的人僅僅會用英語進行簡單的對話。職業網路是構成全球化視野的一個重要組成部分，但許多人的職業網路僅限於內部。在接受調查的人中，只有 17%的人認為他們應該將最佳實踐與世界各地的其他同事分享。最令我們驚訝的是，僅有 21%的人認為全球化視野是國際化企業贏得成功的重要特徵之一。

二、全球知識

75%的人出過國，但許多人對一些國際性問題並不關心。調查中，受訪者在回答一些常識性問題時，諸如伊拉克戰爭等，得分都非常得高，但僅有10%的人認為水是21世紀最緊缺的資源（80%以上的人認為是石油和其他的一些資源），25%的人不能確定聯合國的總部是否在紐約。不到一半的人能夠準確地知道德國現用的貨幣是歐元。而能夠知道美國犯罪率最高的是白人的人少之又少。從這種常識性問題的答覆上說明大部分的受訪者對一些國際性的問題並不關心。

三、開放型管理風格

78%的人建立共同願景和價值，8%的人關心專案的完成。受訪者最認同的管理風格與他們心中的個人領導風格有許多相互矛盾之處。「以客戶為中心」被認為是21世紀取得商業成功的基礎，但這一特徵僅在30%的受訪者心中占有重要的位置。對於個人領導風格而言，與開明管理風格相關的一些因素，如合作、坦率、值得信賴以及民主等都在自評中有很高的排行率，但在需要的時候與他人共同分擔領導力則排行在最低的位置。自認為是值得信賴的領導排行率高達50%以上，但看重以誠待人並起表率作用的領導排行率僅為32%。事實上，透過比較兩個排行榜可以發現許多相互矛盾的地方。

四、領導變革

69%的人能夠幫助他人紓解壓力，25%的人難以駕馭變革帶給他們自己的焦急不安。在領導變革中，一個重要的因素就是能夠運用同理心，也就是站在他人的立場，體會他人的感受，60%的受訪者身上都具備這樣的特質。有25%的人難以駕馭變革，變革會讓他們感到焦急不安，但超過一半的人則認為面對新環境不是件難事，這一點再次證明了理想與現實的差距。

五、跨文化的管理能力

67%的人可以認同他人的感受來輔助決策，但只有10%的人知道在美國有些地方白種人犯罪率最高而非黑人。調查反映受訪者的適應能力處於較低的水準，但他們的思想卻相當地開明，大部分受訪者都表現出善於傾聽以及能夠辨識他人情感的能力，但是由於缺乏全球化的視野和相應的知識則說明他們在這些方面並沒有實踐的技能。

六、適應不確定環境的能力

超過67%的人表示他們對新事物充滿好奇、熱情；但只有8%的人表示，在他不具備某種技能時，會與他人分享責任或領導權。總體上看，受訪者的自我評價都很高，非常自信。一半的受訪者表示，他們對新鮮事物感到有壓力，但與此同時，超過 2/3 的人表示他們對新事物充滿好奇、熱情。事實上，這就證明了創新的高排行率與能夠將其完成的低排行率之間緊密連繫。當我們將低的全球化視野與有限的海外工作經歷連繫在一起時，我們發現，很顯然，這就是受訪者有待提高的領域。

七、樂觀思維與成就欲望

78%的人都能意識到自己有積極、消極的情緒問題，39%的人有能力在困境中尋找轉機。實際上，大多數人（78%）都能意識到自己有積極、消極的情緒問題，這是樂觀思維的一個基本要素，但大部分的人只是將其看作是一種臨時性的阻礙，在評估新的環境時，39%的人有能力在困境中尋找轉機。

八、遠景管理與激勵人心的能力

81%的人能夠準確地說明價值觀與能夠激勵自己的目標；但僅有 40%的人願意在面對巨大的社會壓力時積極為自己的行為辯護。大多數受訪者都有強烈的目標感，關心他人，富有同情心。81%的人能夠清楚地知道自己的生活方向，能夠準確地說明價值觀與能夠激勵自己的目標。但僅有 40%的人願意在面對巨大的社會壓力時積極為自己的行為辯護。

4. 優秀企業家所具備的 10 個 D（表 1-2）

表 1-2 優秀企業家所具備的 10 個 D

D	含義
理想（Dream）	對自己及公司的未來具有眼光。更重要的是，他們要具有實現這種願望的能力
果敢（Decisiveness）	不因循拖拉，一旦決定某個行動，他們總是盡快實行
實幹（Doer）	實幹家，一旦決定某個行動，他們總是盡快執行
決心（Determination）	全身心投入事業，絕少半途而廢，即便面對似乎難以逾越的障礙，也是如此
奉獻（Dedication）	獻身於事業，工作起來不知疲倦，創業時一天工作 12 小時，一週工作 7 天是常見的
熱愛（Devotion）	熱愛事業，這使他們能夠承受困難。熱愛產品或服務，銷售十分有效
周詳（Details）	當一個公司處於起始和發展階段時，企業家必須仔細周詳
命運（Destiny）	較之在已經發展多年的大企業，他們更願意掌握自己的命運
金錢（Dollar）	致富並非初衷。但錢是衡量成功的尺度
分享（Distribute）	往往與主要雇員分享企業所有權，因為他們是新公司成功的關鍵

5.GE 對領導者的素養要求

威爾許時代，GE 對領導者的要求是四個「E」目標、五個要求和六點原則。

四個「E」目標：

一、Energy（活力）：指巨大的個人能量，對於行動有強烈的偏愛，幹勁十足；

二、Energize（激勵）：指激勵和激發他人的能力，能夠活躍周圍的人，善於表達和溝通自己的構想；

三、Edge（膽識和決斷）：決斷力即競爭精神，有自發的驅動力，要有魄力果斷表達自己的觀點，勇於做出決斷；

四、Execute（執行力）：指提交結果，能夠將構想變成切實可行的行動計畫，並能夠直接參與和領導計畫的實施。

五個領導力要求：

一、變革組織：要求能夠創造性地摧毀和重建組織，包括重建組織的願景和組織架構；

二、開發全球的產品和服務策略：若要更加國際化，必須提供世界級的產品和服務，領導者必須創造新的設計團隊形式；發掘資源的新策略用途；推動世界級設計、服務和績效標準；

三、發展策略聯盟：這是獲得迅速發展的必需選擇。領導者必須擁有發掘和篩選潛在夥伴的能力，談判技能，合理設定合作條件的能力，良好的協調能力和整合能力；

四、全球協調和整合地理、政治與文化的多樣性：需要良好的溝通和文化整合能力來實現組織的整合；

五、全球化配置人員和開發人才：只有在全球範圍內配置人力資源和開發人才才能實現組織整合。

領導力的六點原則：

一、掌握自己的命運，否則別人就會控制；

二、了解當下的現狀而非過往或你認為的現狀；

三、要真誠；

四、領導而非管理；

五、在被迫變革之前主動進行；

六、如果沒有競爭優勢，不要競爭。

五、

領導力與領導魅力

彼得．杜拉克認為，是否有發自內心的追隨者是身為領導者的關鍵性象徵，如果沒有追隨者，就不能稱其為領導者。領導者要透過權力性影響力和非權力性影響力，不斷獲取更多的追隨者，非權力性影響力比權力性影響力更重要，更持久。

領導者要注重非權力性影響力的提升，以獲得持續的追隨者，提升自我領導力。

1. 領導力致勝，定高低

領導力就是領導者在領導活動過程中，有效改變和影響他人心理和行為的一種能力或力量。從本質上說，領導力就是影響力。在一次彼得・杜拉克主持召開的高級管理研討會上，一位執行長問彼得・杜拉克領導是什麼？彼得・杜拉克回答說：「世界上任何人都是影響別人和被別人影響的。影響別人的行為，謂之領導；影響別人行為的能力，則謂之領導力。」彼得・杜拉克認為，是否有發自內心的追隨者是身為領導者的關鍵性象徵，如果沒有追隨者，就不能稱其為領導者。在領導過程中，領導者如果不能有效影響或改變被領導者的心理或行為，讓下屬去心甘情願地完成他安排的工作，那麼他就會孤掌難鳴，當他發出衝鋒的命令後，發現後面沒有一個追隨者，他自己成了「光桿司令」。領導者影響力的大小是由追隨者的數量和能力大小決定的。

領導者對團隊的影響力是巨大的，一個團隊的上級高度決定了一個團隊的高度，一個團隊經常因為一個領導者的改變而發生驚天大逆轉。馬克思（Karl Marx）曾將領導者的

作用形象地比喻為「樂隊指揮」，樂隊指揮的作用就是要透過指揮的節奏，讓樂師們共同一致地努力演奏，奏出和諧之音，一個管弦樂隊的好壞完全取決於其指揮的領導素養。生活中，我們經常看到、聽到或親自體驗過這樣的案例：一個原本凝聚力和戰鬥力都很強的團隊，換了一個不稱職的領導之後，很快就被折磨得不成樣子，人心動盪，士氣低落，一天比一天衰落，戰鬥力急遽下降；而一個士氣低落、人心渙散、業績排名靠後的團隊，換上了一位好上級後，「士別三日，刮目相看」，員工很快就變得生龍活虎，幹勁十足，個個鬥志昂揚，大家你爭我趕，業績得以快速提升。

一個領導者影響力的大小，往往不是看他做正確事情時，對他人的影響力，而是當大家還看不清方向、甚至有點懷疑他做的事情是否正確時，對被領導者的影響能力，讓被領導者可以不計代價、義無反顧跟隨他，這才是領導力淋漓盡致的展現。當然，一個具有破壞傾向的人如果擁有強大的領導影響力，就可能會導致破壞性的後果，而且影響力越大，破壞性就越大，甚至可能會是災難性。

2. 領導力提升有訣竅

領導影響力不是天生就有的，是需要在實踐中不斷提升的。有十件事情能保證領導權力的建立與強化，這十件事情：一是多做事，擴大活動範圍與影響力；二是與高層保持溝通；三是掌握關鍵資源和核心能力；四是修身和倡導實現一種價值觀；五是參與和建立非正式組織；六是獨特的知識與技能；七是幫助他人，以獲得信賴與尊重；八是保持威懾力；九是藉助機遇；十是制度相容，尋求合法性。

荀子曰：「君子生非異也，善假於物也。」提升影響力要藉助外力，採取「狐假虎威」的辦法，「草船借箭」、「烘雲托月」，可以取得事半功倍的效果。

「狐假虎威」本來比喻倚仗別人的勢力欺壓人，也用來諷刺那些仗著別人威勢、招搖撞騙的人。但是從領導學的視角來看，如果一個新領導者的威信還沒有樹立起來，別人對新領導缺乏足夠的了解，透過狐假虎威的方式，使自己和巨人站在一起，「拉大旗作虎皮」，靠巨人的威嚴來提升自己的威信，可以取得立竿見影的效果，這種方式有效、有用，但有限，而且不長久。

據《三國志注》中記載：馬超見劉備對他很好，便不知所以，對劉備舉止隨意、言語怠慢，稱呼時直呼劉備其名，這讓關羽很是生氣，請求要殺了這個不知天高地厚的傢伙。劉備說：「馬超窮途末路來歸順我，你們就因為他對我不禮貌這一點小事就殺了他，沒辦法向天下人交代呀？往後誰還敢再來投靠我們呀？」在這個問題上，張飛認為要示之以禮，透過一個權力符號提醒一下馬超。第二天集會時，專程邀請馬超參加，馬超還是像以前一樣，沒把劉備當回事，直接入席，結果看到名滿天下的關羽、張飛畢恭畢敬捉刀而立，透過烘雲托月，對劉備的權威性有一個重新的再認識，從此再不敢對劉備直呼其名了。

3. 領導沒有公式，條條道路通羅馬

領導沒有統一的公式，就像天下沒有兩片完全相同的樹葉，天下也不會存在兩個具有相同方式的領導者，1,000 個領導者就有 1,000 種領導方式。只要不違背大的原則和法律，不喪失倫理道德，不論是採取強勢的嚴管，還是人性化的柔管，只要能激勵每個成員的潛能，凝聚團隊，創造一流的業績，都可以稱得上是卓越的領導者。通往成功領導者的道路，從來都不是「自古華山一條路」，而是「條條道路通羅馬」。

有效領導方式的結果是相同的，但實現的方式卻各有不同，各位如八仙過海，各顯神通，各有各的法。在領導學的實踐過程中，既有全身上下洋溢著英雄氣度、振臂一呼應者雲集的英雄，也有一些看似平庸、沒有任何英雄氣度的人，如劉邦、宋江、唐僧、劉備等，看似乎凡，手下卻盡是英雄豪傑，也成就了一番驚天動地的偉業。他們的領導方式都是有效的，都是卓越的領導者。

麥肯錫（James Oscar McKinsey）無疑是美國有名的富翁，他坐飛機只坐頭等艙，他解釋說：「在頭等艙認識一個客戶，就能為我帶來一年的收益！」比爾蓋茲當然比麥肯錫更大牌，有人在經濟艙看到他，問他為什麼不坐頭等艙，比爾說：「頭等艙比經濟艙飛得快嗎？」——是比爾蓋茲的節儉值得崇敬呢，還是麥肯錫的「機會策略」值得學習呢？其實，兩種領導處事方式都是對的，因為在實踐中證明，他們的領導方式都是有效的。

所謂「時勢造英雄」，環境影響領導方式，不同的時代會催生不同的英才。例如，一個將軍和一個丞相水準可能旗鼓相當，但在戰爭環境下勇於決斷、勇於亮劍的將軍必定比性情溫和、講求民主的丞相更能抓住稍瞬即逝的戰機，贏得戰爭的勝利；而在和平年代，丞相可能比這個將軍更善於平衡各方面的利益關係，協助君主贏得民心，發展國力，建構和諧社會，讓人民安居樂業。

檢驗某個領導者的方式是否有效，不僅要看他當前的業績和效果，更要用長遠發展的眼光來審視，看領導者的政績能否禁得起時間的檢驗、人民的測評，離任幾年、十幾年乃至更長的時間以後，群眾的口碑如何，「金盃銀盃不如老百姓的口碑」。卓越領導者與平庸領導者的區別在於，當很多人還不理解、不支持，甚至還有利益集團竭力阻撓、矛盾激烈時，領導者能否有頂住壓力、英明決策、大膽推進的魄力和能力，能否做到胸懷坦蕩蕩，人不知而不慍。

4. 內聖而外王，領導者要注重非權力性影響力的提升

構成領導影響力的基礎有兩大方面：權力性影響力和非權力性影響力。

權力性影響力又稱為強制性影響力，是社會組織賦予的，是一種法定的職位權力，它主要源於法律、職位、習慣和武力等，對人的影響帶有強迫性、不可抗拒性，透過外推力的方式發揮其作用。在這種方式作用下，權力性影響力對人的心理和行為的激勵是有限的。構成權力性影響力的因素主要有法律、職位、習慣和暴力。

與權力性影響力相反的另一種影響力是非權力性影響力，非權力性影響力也稱非強制性影響力，它主要來源於領導者個人的人格魅力，來源於領導者與被領導者之間的相互感召和相互信賴。構成非權力性影響力的因素主要有品格、才能、知識和情感因素。

靠權力帶來的權力性影響力將隨著權力的終止而消失，而非權力性影響力依賴於人與人之間的信賴關係，取決於人的素養和性情，是被領導者發自內心的敬佩和服從，對他們

具有磁鐵般的吸引力，因而具有更強的穩定性。沒有非權力性影響力，被領導者雖然從表面上會跟從領導者，但私底下會真正服從認同的可能性很小，他們更無法心悅誠服、始終如一地認同組織的價值、文化和使命。列寧（Владимир Ленин）曾經說過：「保持領導不是靠權力，而是靠威信、毅力、豐富的經驗、多方面的工作以及卓越的才能。」因此，對領導來說，非權力性影響力比權力性影響力更重要，更關鍵。曼德拉（Nelson Mandela）說：「身為領袖，最好是在後方領導，讓其他人站在前線，尤其是在慶祝勝利或好事時；但在危險時，你要站在前線。這樣，人們會欣賞你的領導力。」

古人說：「內聖而外王。」打鐵還需自身硬。領導者要善於修練自己的內心修養，注重用非權力性因素去影響人，才能統帥王者之師，行王者風範，部下也樂於聽命於你，會產生不令則行、不怒而威的效果，使工作效率倍增。據《呂氏春秋．先己篇》記載：

湯誠懇地問計於謀士伊尹：「我想取得天下，你看該怎麼辦？」伊尹回答說：「您想取得天下的話，天下一定沒辦法得到；要想取得天下的話，首先要做的是從自身開始，加強修養。」湯以德政作為征服手段，最終滅桀，成就了帝王之業。

5. 功夫在詩外，領導魅力在領導之外

領導魅力是指領導者所具備的非凡的特質，在領導活動中表現為對追隨者的吸引力、凝聚力和感召力，並因此而形成領導者和追隨者之間的和諧關係。領導魅力是領導非權力性影響力的具體展現，是構成領導影響力的最堅實的基礎。在大眾的眼中，卓越的領導者具有不可阻擋的魅力，他們擁有遠大的理想、準確的判斷力、傑出的管理才能，以及激勵他人的號召力，可以振臂一呼，應者雲集。

不管歲月如何更迭，他們像一座不朽的豐碑一樣，聳立在人們心裡，成為人們心中不可超越的一個高度，久談不厭的常新話題，他們是人們心中永恆的英雄。

領導魅力是一種無形的神奇力量。莎士比亞（William Shakespeare）在其劇作《李爾王》（*King Lear*）中有這樣一個情節，一個人對素不相識的李爾說：「在你的神氣之間，有一種什麼力量，使我願意叫您做我的主人」。

正如企業核心競爭力一樣，領導魅力也是無形的，是一種很奇妙的東西，具有無法估量的磁鐵般的力量，最富有吸引力和感召力，是「偷不走、買不來、拆不開、帶不走、漏不掉」的，令人嘆為觀止。

「功夫在詩外」是指學習做詩，不能就詩而學詩，而應把功夫下在掌握淵博的知識、參加社會歷練上，透過厚積薄發，才能把詩寫好。領導魅力修練也是如此，常常在領導之外，是一項硬功夫，全面的功夫，來自於你的待人接物、言行舉止，展現在多才多藝的深厚底蘊上，可以讓人不怒而威，不令而行，靠「裝」是「裝」不出來的，是修練出來的。

當前社會上流行著一種「包裝領導力」的傾向，有些領導總擔心別人看輕自己，「不把村長當幹部」，一言一行總模仿領導拿出樣子出來，把自己放在很高的位置上，用「官大一級」的方式來壓別人，為了迎合某種通俗的標準而讓自己變得「暢銷」，這其實是心虛、不自信的表現，也是十分危險的，很容易成為孤家寡人。事實證明，領導者把心態放低，以「我是一個兵」的歸零心態，更有魅力，更容易受到尊重，獲得更多的追隨者。

六、領導者的最高境界：無為而治，專注於「正確的事」

1. 領導者的最高境界：無為而治

太上，不知有之；其次，親而譽之；其次，畏之；其次，侮之。信不足焉，有不信焉。悠兮，其貴言。功成事遂，百姓皆謂「我自然」。—— 老子《道德經》

最高明的領導者，下屬感覺不到他的存在；稍次的領導者，下屬會親近並稱讚他；再次的領導者，下屬會畏懼他；更次的領導者，下屬會蔑視他。領導者的誠信不足，下屬就不信任他。最好的領導者是悠閒自得，很少發號施令。大事往往水到渠成，成功後，眾人都說：「我們本來就是這樣的。」這就如同象棋一樣，將帥都不動聲色，優哉游哉，讓車、馬、炮圍繞保將這一主題，各就各位，一展雄風，大展宏圖，其中蘊含的領導哲學其實是相通的。同仁堂說：「修合無人見，存心有天知。」意思是說，在無人監督的情況下，做事也不要違背良心，見利忘義，說的也是這個道理。

案例：看企業董事如何「無為而治」

總裁在企業裡一般都要做兩件事，第一是制定策略並設計實施策略的戰術步驟；第二是帶好員工隊伍，讓你的隊伍有能力按照這個策略目標去實施。這兩件事做好了，企業就能向好處發展。但在這兩件事情之前，還有一件更重要的事要辦，就是建立團隊。企業必須要有一個好的領導團隊，否則你把事情安排下去之後，後面的人未必照你的意思去做。有了好的團隊才能群策群力，同時對首席領導者也就有了制約；沒有一個好的團隊就制定不了好的策略，就帶不好隊伍，所以領導團隊實際是第一位的。概括起來說，就是「定策略，帶隊伍，搭團隊」。

日本松下幸之助有一個特點，據說他每天有 1 個小時的時間把電話線拔掉，通知祕書任何人不得打擾。他靜靜一個人坐在辦公室裡，說要考慮哲學問題。著名歷史學家傅斯年說：「一天只有 21 小時，剩下 3 小時是用來沉思的。」

領導者職責定位是否正確，對一個組織的健康發展至關重要。如果領導者職責定位太廣、事務太細，做一個事無鉅細的「管家婆」，眉毛鬍子一把抓，把下屬應該完成的工作納入自己名下，「種了別人的田，荒了自己的地」，下屬就沒有了施展才能的空間，大事小事等領導定奪，領導自己則可能會每天「日理萬機」，疲於奔命，最後鞠躬盡瘁，死而後已，這樣的領導雖然勤奮可嘉，但也只能是一個平庸的領導者。如果領導萬事不管，做一個甩手掌櫃，把自己應該管的事也交給了下屬去做，則許多事可能會淺嘗輒止，難以扎實推進，或偏離發展方向和規劃，甚至可能會導致管理失控或混亂的問題。

不僅如此，領導者管事過於具體，也不利於調動更下一個層級下屬的積極性。

「解釋級別理論」（Construal level theory）認為，領導者與其下屬之間的心理距離，會影響到領導者所要傳達的訊息在下屬眼裡的具體性和抽象性。史丹佛商學院集結行為學助理教授尼爾・哈勒維（Nir Halevy）教授和以色列巴伊蘭大學（Bar-Ilan University）心理學教授亞伊爾・伯森（Yair Berson）研究後發現，級別與下屬接近的領導者下達的具體行動指令，以及級別與下屬較遠的領導者發出的抽象訊息會讓人們更投入，也更願意付諸行動。反之也一樣，也就是說，如果級別差異較大的領導者發出過於細化的具體指令，或者當直接上級傳達抽象訊息時，員工的投入程度和積極性都會更低。

如何劃分領導者和管理者的職責，「領導者和管理者有著根本的區別，領導者需要做的是：定方向、建構團隊、促進變革；管理者需要做的是：解決問題、保持穩定、按章行事。換句話說，就是領導者對成長負責，管理者對績效負責」。華倫．班尼斯（Warren G.Bennis）說：「領導者做正確的事情」，把事情做正確則交給經理人去辦理。

案例：稻盛和夫：關於領導者的 10 項職責

職責 1：明確事業的目的和意義，並向部下明示

企業的領導者身為經營首腦，首先必須明確自身所領導事業的目的和意義，並且向部下明示這些目的和意義，盡一切可能取得他們的認同，從而獲取眾人的鼎力協助。

在企業領導者當中，或許有些人把興辦事業的目的和意義看作是「賺錢」。

企業要想獲得發展，利潤的獲取的確必不可少，但是企業領導者在興辦事業時，不僅要兼顧到因此而產生的社會意義，同時還必須注意發揮人的能動力量。因此，我認為，一項事業的目的和意義必須是能夠讓上至領導者，下至員工，都能感受到自身是在「為了一個崇高目的而工作」的大義名分，是一種超越一般層次的存在。

京瓷領導人的經營理念是：在追求所有員工獲得身心兩方面幸福的同時，為人類與社會的進步和發展做出貢獻。我就是透過揭示像這樣一種高層次的、能夠獲得所有人認同的企業目的，並向企業員工提出號召「讓我們共同實現這個理

念」，才得以與京瓷的全體員工團結一心，共同奮鬥至今。並且也正是因為這個企業目的成功贏得了京瓷員工們的一致認同並為此而勤奮工作，才會有京瓷的今天。

因此，當身為一名領導者率領一個組織時，明確自身事業的目的和意義，並贏得組織成員對此的認同就顯得極其重要。

職責 2：揭示具體目標，與下屬共同制定相應計畫

領導者在明確事業的目的和意義並且與部下取得一致共識之後，接下來就需要確立具體目標，制定相應的計畫。在制定目標和計畫的過程當中，領導者必須居於核心地位，廣泛聽取下屬意見，做到集思廣益。這樣做的目的是為了讓組織成員在目標和計畫的制定階段就參與其中，從而讓他們擁有「這是我們大家共同制定的計畫」的意識，也就是說，要讓組織成員具備積極參與組織經營活動的自主意識，這一點至關重要。

然而，當需要開創一項新的事業或者捕捉到一個巨大商機時，領導者又有必要迅速果斷地擔負起責任，主導制定新的目標。這個時候，領導者不僅要制定未來目標，同時還必須找出實現這個目標的有效方法和途徑。與此同時，還必須向下屬揭示說明制定這個目標的理由、領導者自身對於這個目標的認知和想法，以及具體的實施方法和途徑。領導者

在這個過程當中，必須與下屬展開徹底的溝通，以期獲得他們的真心認同，使得自己的下屬能夠為了目標的實現而共同奮鬥。我自己為了在實踐中做到這一點，會在每天的早會、其他各種會議，以及內部聯誼聚餐的時候，尋找一切機會，盡一切可能向企業員工解釋清楚「為什麼需要實現這個目標」，「如何才能實現這個目標」。特別是在聯誼聚餐會的時候，身為領導者很重要的一點就是要能夠與下屬在酒桌上敞開心扉、坦誠溝通。只有當下屬員工的工作熱情上升到與領導者相同的層次時，才真正有可能做到團結一切力量實現企業的最終目標。

職責 3：心中要保持強烈的意願

我的經營實踐的根基是建立在「願則成」這個信念之上。我之所以會意識到這一點，完全是源自於我在許多年前的一次親身體驗。

在我建立京瓷之初，一次有幸在京都出席了一場松下幸之助先生的演講會，在會上他介紹了著名的「水庫式經營」的理念，也就是說：「企業應該在經營狀態良好的時候像是在水庫中蓄滿水一樣確保充裕的內部資金留存，以備不時之需。」在演講結束後有一名聽眾提問道：「水庫式經營的理念雖然完美，但是那些根本就無法確保充足資金的企業又該如何是好？」這個問題讓幸之助先生稍微一楞，然後他回答說：「你自己首先得要有企業必須確保充裕資金的想法才成。」這個回答等於什麼都沒有說，於是引發了會場聽眾的爆笑，然而幸之助先生的這一番話卻讓我心頭為之一震：「經營者首先得具備確保企業資金充裕的強烈願望，然後才談得上其他。」幸之助先生的這個回答讓我意識到了「意願」的重要性。

領導者必須首先確保自身強烈的意願，然而再將這種強烈的意願傳遞給所有下屬成員，這才有助於既定目標的實現。

職責 4：付出超於常人的努力

領導者是一個部門的代表，也是一個企業的代表。領導者必須透過自身的勤勉來感染激發手下員工像自己一樣對待本職工作。領導者的一個重要職責就是必須率先垂示，向全體組織成員展示自身勤奮的工作姿態，並以此帶領員工，統率整個團隊集體。

在盛和塾這種聚集著眾多企業經營者的地方，每當我向大家詢問「你對於工作是否努力」時，眾人的回答都是「我已經盡了全力在努力工作」。然而，我這裡所指的，是超於常人的那種努力。在現實中，即便我們認為自己已經非常努力了，但是如果我們的競爭對手付出的努力在我們之上，那麼我們最終還是會在競爭中失敗，自己之前已經付出的努力也將全部化為泡影。所以，領導者必須在工作中付出無人能及的努力，也就是說，必須付出不輸給任何其他人的努力才行。也許這意味著難以承受的辛勞，但是要想獲得成功，身為領導者就只此一種選擇。

英國哲學家詹姆斯·艾倫（James Allen, 1864-1912）曾經說過這麼一段話：

「一個人如果想要獲得成功，就必須要付出與之相應的自我犧牲。如果期望的是較大的成功，就需要付出較大的自我犧牲，如果還想取得更大的成功的話，那就意味著更大的自我犧牲。」

當我們想要獲得事業的成功時，就必須犧牲掉自己的各種休閒喜好，也即我們的個人欲望。這樣的自我犧牲是我們獲得事業成功必不可少的代價。

如果一個領導者能夠為了集體成員的幸福不斷付出超於常人的努力，那麼他就必然能夠贏得所有集體成員的擁戴和追隨。

職責 5：具備堅強的意志

領導者必須具備堅強的意志。如果一個組織的領導者缺乏堅強的意志，則將會給這個組織帶來災難性的後果。

在變化莫測的商海中，企業隨時都有可能遭遇到各種難以預料的事態和狀況，在這種時候，如果企業的領導者缺乏堅強的意志的話，就有可能會輕易變動修改企業目標。這種做法將會導致企業的既定目標變得有名無實，並進而損害到企業員工對領導者的信賴和尊敬。因此能夠矢志不渝地堅守既定目標的堅強意志也就成為企業領導者所必需的一個重要資質。

職責 6：傑出的人格

領導者必須具備傑出的人格，或者能夠充分意識到具備傑出人格的重要性，並為此不斷努力，以期實現自身人格的提升。身為領導者，非常重要的一點是，即便自身人格在當下還存在著一定的問題，但是必須具備努力提升自我人格的堅定意願和行動。所謂「傑出的人格」並非僅是指擁有高尚的哲學觀，而是必須同時還能夠堅持諸如「誠實待人」、「不說謊」、「正直」、「不貪婪」等最基本的倫理觀。

如果一個人能夠隨時隨地以此警示自己，並努力付之於實際行動當中的話，自然就能夠實現自我人格的昇華。

職責 7：不管遭遇任何困難也絕不放棄

我認為，領導者必須要由那種不管遭遇任何困難，都不會因此投降，而是將「永不放棄」作為自身信條的人來擔當。

在進行商業活動時，任何時候都有可能遭遇到突如其來的困難和挑戰。因此，領導者如果習慣輕易放棄，那麼就不足以成就任何事業。我經常喜歡使用「熊熊燃燒的鬥志」這個詞，要想戰勝各式各樣的困難，讓自己的企業獲得發展，領導者就必須擁有像格鬥士一樣的好勝心，憑藉自身熊熊燃燒的鬥志來統率整個企業。

因此我才堅信領導者必須要由那種不管遭遇任何困難也絕不放棄的、擁有不屈鬥志的人來擔當。

職責 8：對待下屬要有關愛之心

領導者必須時刻將下屬的利益和幸福放在心間，能夠懷揣愛心，出於協助下屬獲得成長的願望對他們進行指導。我這裡所說的「懷揣愛心」並非是指那種長輩對於孩子的溺愛，而是指那種同時具備了體貼關懷和嚴格要求兩方面的愛心。

領導者為了實現培養下屬的目的，就應該將源自於自身經驗的知識與技能毫無保留地予以傳授。如果能夠做到這一點，那麼當自己的下屬在工作中出現問題、有所欠缺時，領導者自然也就可以毫無顧慮地立即指出，嚴加斥責。不管領導者的態度如何嚴厲，只要本意是出自希望下屬獲得成長進步的善意和愛心，下屬就必然能夠理解和接受領導者的這種嚴厲態度。

領導者為了迎合下屬而故作寬容的做法無助於下屬的成長和進步。當領導者缺乏嚴格要求部下的勇氣，只會一味地討好放縱自己的下屬時，這只會妨礙下屬的成長，並進而危及企業本身。在需要對下屬進行嚴格要求時，能夠做到鐵石心腸，這才是身為領導者對下屬的真正愛心的展現。

但是在自己的下屬遇到困難遭遇不幸時，領導者又必須懷著關愛之心，盡全力給予幫助和支持。即便心中懷有善意和愛心，但是僅僅只會表面上嚴厲對待下屬的領導者照樣無法贏得部下的擁戴和人心。

只要領導者本著善意和關愛之心進行指導和培養，其下屬就必定能夠獲得成長和進步，並且在這個過程當中，不僅是下屬，領導者本身也會因此而獲得同樣的昇華。

職責 9：不斷激勵下屬士氣

領導者必須要能夠做到不斷鼓舞下屬員工的士氣，激發他們的工作積極性。

要想創造一個充滿熱情、不斷進取的集體，就需要讓所有成員都能夠對工作懷有高度的熱情。

領導者要努力創造一個有利於下屬員工進行工作的良好環境。當自己的員工遇到困難時，能夠給予長輩一般的關心和建議。在下屬完成預定計畫或者實現重大業績時，領導者不應吝嗇褒獎之詞。對於員工的優點，同樣也要予以應有的肯定。領導者就是要透過這些方式來製造出一種有助於下屬員工積極主動地投身於工作之中的整體氛圍。在領導一個組織時，領導者必須要能夠讀懂組織成員的心。如果缺乏能夠贏得下屬共鳴和感動的細心與體貼，就不足以成為一名傑出的領導者。

職責 10：永遠保持創造性

在當前這種激烈的競爭環境當中，企業如果想要確保生存、不斷發展，就必須不斷開拓新的產品、新的技術和新的市場。領導者如果無法保持對新事物的旺盛追求、不斷向自身組織引入創造活力的話，那麼這個組織也就無法確保進步與發展。事實上，那些容易滿足的領導者所帶領的組織最終都難以避免衰敗的命運。

這裡所說的創造性，並非是指單純的、僅靠一時靈感所獲得的結果，而是指在經過深刻痛苦地深思熟慮之後所獲得的答案。所以，企業的領導者絕對不能滿足現狀，而是應該不斷思考推敲「這麼做是否正確？」、「是不是還有更好的方法？」

時時刻刻都在全力以赴追求哪怕微小的進步。領導者透過這種認真和努力，最終必將能夠獲得具有創造性的成果。

儘管同時要做到以上 10 點存在著一定的難度，但是身為企業的領導者，重要的是要時刻把這 10 項職責牢記心頭，並努力付諸實現，因為企業經營者的這種努力要讓自身成為一名傑出領導者的姿態本身就正是對手下員工最好的教育。

2. 領導者要做好重要而不緊急的事

西漢時期，漢宣帝有一個丞相叫丙吉。有一天他到長安城外視察，出城不久，看到路邊有人打架鬥毆，把人打死了。群眾看到丞相出巡，於是大聲呼喊「青天」，攔轎喊冤。丙吉吩咐繞道而行，不要管他。

走了不遠，丙吉看到一頭牛在路邊大口大口地直喘氣，於是下轎，圍著這頭牛轉了好幾圈，左看右看，看得十分仔細。於是，身邊的人不解地問道：「丞相為何關心牛遠遠勝過對人的關心？」

丙吉說：「我是丞相，路上有人打架鬥毆把人打死了，自有地方官按律處理，我沒有必要越級直接去過問；但是牛的問題就不同了，現在天氣涼爽不熱，這頭牛就在大口喘氣，我懷疑今年會有大瘟疫流行，預防瘟疫流行是天下頭等大事，是我丞相應該管的事情。」

身為負責人，領導者的職責可以說包羅萬象，千頭萬緒，日理萬機，但領導者也是人，不是機器，精力是有限的。要在有限的時間和精力內，完成更多更有意義和價值的工作，不能眉毛鬍子一把抓，要像丞相丙吉一樣，必須給自己一個合理的定位，抓大事，抓自己必須做的事，解決主要矛盾和問題。

做領導與行醫是相通的，最高明的領導者要像神醫扁鵲他大哥一樣，「治人於未病」，永遠在做重要而不緊急的事，讓人似乎感覺不到他的存在，但一切重要的工作都在有條不紊地有序推進，很多的風險隱患都被消滅在萌芽狀態，這就是無為而治。對從事保鏢的人來說，槍聲一響就意味著他已經失敗了。

高明的領導者，會透過言傳身教，影響團隊文化，最後達到領導者在與不在一個樣，檢查與不檢查一個樣，組織裡的個體在執行機制和團隊文化的驅動下，前面的人會拉著你走，後面的人會推著你走，大家都能按照自身角色的要求，積極、主動、自覺地做好分內的事情，全力以赴地做好難以界定角色的事情。這種「太上，不知有之」的「虛無」境界，不僅是領導者孜孜以求的，更是下屬所渴望的。《易經》中也說，管理的最高境界是「群龍無首」。到了這種境界，「乾龍用九，天下治也」，天下就會治理好。

一個留學生在日本打工，買了一輛二手豐田。有一次他在超市買完東西準備回去，到停車場取車的時候，發現一個老年人正在幫他擦車。

他想，這下麻煩了，要付一筆擦車費了，「天下沒有免費的午餐」，擦車當然要收錢的。他趕緊走上前說：「老先生，這是我的車。」

那個老人正拿著一條手帕在仔細擦車，聽到留學生的話，老先生一臉嚴肅地說：「年輕人，你這個年紀應當勤快一點啊。你看，這麼好車竟然被你弄成這樣子！」老先生一邊擦車，一邊跟留學生說道：「我是豐田汽車公司的退休員工。你能買豐田，我打心裡高興。但是，你的車沾滿灰塵，好像好久沒有清洗了吧？你開著這麼髒的車上路，會影響豐田的形象的。所以我在超市買完東西后，特地過來幫你把車擦乾淨。」

一位已經退休的員工對企業有這麼大的忠誠度，證明豐田企業的老闆一直善待他、重用他，贏得了他對企業一輩子的全心奉獻和忠心耿耿。退休之後，不是「船到碼頭車到岸」，沒有一個人監管和督促，老先生仍然念念不忘，繼續為企業努力，繼續為企業作貢獻。這就是無為而治的最高境界。

一個卓越的團隊，應該是「離開誰都能照常轉」；離開一個領導者或英雄人物，就無法實現正常運轉的團隊，不是卓越的團隊。1997 年，時任可口可樂董事長和總裁的羅伯特．古茲維塔（Roberto Goizueta）被確診為肺癌，這個消息在華爾街不脛而走，但是可口可樂公司股票卻並沒有大幅下跌，而是幾乎沒有受到任何影響。當這位總裁的死訊在 6 個星期後宣布時，也未引起可口可樂股東的恐慌。潘恩韋伯公司的分析師艾曼紐．古德曼說：「古茲維塔是我所見過的、能讓公司在他不在的狀態下正常運作的最佳總裁。」

3. 領導者不是勞工，要忙裡偷閒

「空山新雨後，天氣晚來秋。明月松間照，清泉石上流。」這是唐代大詩人王維的名句。王維的詩以其特有的空靈寧靜為後世傳誦。但是，實際上，王維並不是一個閒散的文人，他在職場上做的是一項非常繁雜、總不得清閒的尚書右丞工作。

「一個人工作有無成效，不是看他忙不忙，而是看他閒不閒。」一個領導者每天「兩眼一睜，忙到熄燈」，每天像熱鍋上的螞蟻，忙得不可開交，焦頭爛額，只能是無能和平庸的表現。智慧的領導者會「舉重若輕」，暇日吃緊，忙裡偷閒，擁有強大的內心世界，對外展示的是淡定如水的情懷，在緊張的工作之餘，也會為自己留出一點休閒的時光，抽空遊山玩水，用琴棋書畫、詩酒花茶（古代八雅）以鬆弛緊張的身心。「智者樂水，仁者樂山」就是指的這個道理。這就好比一幅山水畫，如果畫得密密麻麻，滿滿（的），反倒是顯得畫蛇添足，雜亂無章；如果適當地留白，反給予人無限的遐想空間，讓人領略到山水的壯美。艾森豪（Dwight D. Eisenhower）曾引用拿破崙的一句話為「領導」下注腳：「領導就是當你身邊的人忙得發瘋，又或者變得歇斯底里的時候，你仍然能沉著和正常地工作。」

三藩之亂的時候，清軍主力和吳三桂的部隊進行決戰，半個月過去了，還沒有前線的消息。北京城裡人心惶惶。

在這種情況下，一向勤政的康熙居然一反常態，把公務扔在一邊，帶著身邊的人跑到景山上去玩了。有人提議說，如今形勢危急，軍國大事那麼多，皇上您怎麼能荒疏政事呢？

康熙借這件事教育告誡自己的兒子們：做大事要有靜氣。當時的局勢確實很危險。北京城裡，忠誠的人都沒了主心骨，居心叵測的人躍躍欲試，這個時候都在看皇帝。結果皇帝根本就不著急害怕，還有心情娛樂呢！於是忠誠擁護的人就心裡有底了，想作亂的人也不敢輕舉妄動了。相反，這個時候如果執掌全域性的人也和大家一樣驚惶失措，那後果就會火上加油，真的不堪設想了。

「空城計」的歷史故事更是為大家所熟悉。三國時期，諸葛亮因錯用馬謖而失掉策略要地 —— 街亭，魏將司馬懿乘勢引大軍 15 萬向諸葛亮所在的西城蜂擁而來。

諸葛亮一生謹慎，唯獨這一次冒了一回大險，在萬分緊急的情況下，不慌不亂，悠然地上演了一齣「空城計」，成為千古佳話，並被搬上了戲劇舞臺，至今仍然廣為流傳。

第二章

卓越領導者如何制定策略

「領導者的責任，歸納起來，主要是出主意、用幹部兩件事。」

出主意，指的是領導者在一些重大決策上發揮關鍵作用，確立路線方針，明確前進方向。

出主意、做決策最終結果是由領導者拍板定奪的，它由背後一個團隊共同完成的，通常要有一個聽取別人意見、吸取別人智慧的謀斷過程。

「出主意」好比是主體設計和「上層建築」（社會意識形態以及與之相適應的政治、法律制度和設施等的總和），是成就事業的基礎和保障，至少要做到三點：

一是如果你知道方向，實現目標就容易得多。選對方向，堅定不移地走下去。只要方向對了，就不怕路遠；方向錯了，走得越遠，距離目標也越遠，停止就是進步。

二是建設優秀文化，團結一致向前看。建設組織文化，用文化來凝聚智慧，打造英雄的團隊，創造一流的業績。

三是建構科學機制，確保不犯大的錯誤，不偏離方向，實現團隊的穩健發展，才能「今天比昨天好，明天比今天好。」

一、
明確方向，實現目標更容易

小學時學過一個「南轅北轍」的成語故事。今天，從做領導學的視角，再重新審視一下這個簡單而又深刻的寓言故事，會明白「瞄準靶子再打槍」的重要性。

無論做什麼事，都要首先看準方向，才能充分發揮自己的有利條件；如果方向錯了，那麼有利條件只會造成反作用。我們平常講，細節決定成敗，其實比細節更重要的是方向，因為方向決定了細節。

1. 選對方向，堅定地走下去

管理學中有個公式，領導效能＝目標方向 × 工作效率。由此可見，決定領導效能的首要因素是目標方向，如果目標方向正確，那麼領導效能就與工作效率成正比關係，如果目標方向不完全正確或者不正確，那麼領導效能與工作效率就不是正比關係了，很可能是零值或負值，付出的努力再多也是徒勞無益，甚至會適得其反。

「大海航行靠舵手」，關鍵就在於比喻領導是「舵手」上。「舵手」是做什麼的？就是管方向的。卓越的領導者要具有一定的策略高度，善於掌握方向，能夠看清未來，要在下屬埋頭工作時第一個發現遠處的變化和未來的目標，能夠為下屬指明前進的方向。

領導和管理的一個重要區別就是預測和掌握正確的方向。美國學者史蒂芬．柯維（Stephen Richards Covey）曾經形象地做過這樣一個比喻：一群工人在叢林裡清除低矮的灌木，他們是生產者，解決的是實際問題；管理者在他們的後面擬定政策，引進技術，確定工作流程和完善計畫；領導者則爬上最高的那棵樹巡視全貌，然後大聲嚷道：「不是這塊叢林！」領導者只有專注於全域性才能更好地掌控組織前進的方向，而事無鉅細只會影響策略的有效實施。

案例：目標的價值

有這樣一篇調查：有一年，一群意氣風發的天之驕子從美國哈佛大學畢業了。

他們的智力、學歷、環境條件都相差無幾，基本上處在同一起跑線上。在臨出校門前，哈佛對他們進行了一次關於人生目標的調查。調查的結果是這樣的：27%的人沒有目標；60%的人目標模糊；10%的人有清晰但短期的目標；3%的人有清晰而長遠的目標。

25 年後，哈佛再次對這群學生進行了追蹤調查。結果又是這樣的：3%的人，25 年間他們朝著一個方向不懈努力，幾乎都成為社會各界的成功人士，其中不乏行業領袖、社會菁英；10%的人，他們的短期目標不斷地實現，成為各個領域中的專業人士，大都生活在社會的中上層；60%的人，他們安穩地生活與工作，但都沒有什麼特別成績，幾乎都生活在社會的中下層；剩下 27%的人，他們的生活沒有目標，過得很不如意，並且常常在抱怨他人、抱怨社會、抱怨這個「不肯給他們機會」的世界。

其實，他們之間的差別僅僅在於：25 年前，他們中的一些人知道要什麼？為什麼要做？而另一些人則不清楚或不很清楚。

有目標的人在奔跑，沒有目標的人在流浪。有目標的人睡不著，沒目標的人睡不醒。目標和境界決定一個人的高度，新東方董事長俞敏洪也表達過類似的觀點。一個人上大學有三種境界：第一是為了找工作，什麼專業工作好找學什麼；第二是因為興趣，自己喜歡學但不知道學習的目的；第三是因為使命感，覺得能為往聖繼絕學，為萬世開太平。工作也有三種境界：為了薪水，為了喜歡的職業，因為內心使命的召喚。第三種人往往能夠成為大家。

人生就如同一場馬拉松比賽，邁出校門的那一天算是起跑線，那時，大家身為同門弟子，水準相差無幾，但在人生旅途中，在一圈又一圈的奔跑中，差距就悄無聲息地產生了，直到有一天，大家聚會時才發現，人與人之間的差距比人與動物的差距還要大！而成功永遠屬於方向明確、意志堅定的人。

不忘初心，瞄準心中的一個理想和目標，每天只做一件事，每年只做一件事，一生只做一件事，一步一個腳印往前走，每天進步一點點，何事能有不成的道理？

《西遊記》師徒五人就是一個團隊，唐僧就是管方向的團隊領導者，他事業心強，目標堅定，方向明確，無論是怎樣的艱難險阻，都沒有動搖其到達西天、拜見佛祖、求取真經的信念。常言道：英雄難過美人關。但是，唐僧卻實現了自我超越，女兒國國王的痴心一片最終也沒能阻擋他西天取經的路。最後，這個團隊在唐僧的帶領下，大家各司其職，各負其責，歷經九九八十一磨難，最後修成了正果。

選對方向很重要的一點是，要根據自己的角色，選擇自己的定位，要準確，不能錯位、越位和缺位。錯位和缺位自然是不對的，越位的後果可能會更嚴重，「功高震主」是一件很危險的事，甚至可能會惹來殺身之禍。莎士比亞在劇中有一句警告的臺詞：「公爵不能搶了國王的風頭」。記得《雍正王朝》裡有一幕十分精彩：

年羹堯大將軍領兵得勝，雍正皇帝慰問將士時，士兵都沒有反應，直到年羹堯掏出小紅旗搖了搖，大家才開始一起歡呼萬歲。士兵只認年羹堯，不認皇帝，年羹堯功高蓋主，搞個人主義，這讓雍正很不舒服，同時也動了殺機，最終被削官奪爵，列大罪 92 條，賜自盡。一個曾經叱吒風雲的兩朝重臣最終落此下場，實在令人扼腕嘆息。

案例：約翰．戈達德（John Goddard）的「夢想清單」

1952 年的《生活》（*Life*）雜誌曾登載了約翰．戈達德（美國探險家）的故事。戈達德 15 歲時，偶然聽到年邁的祖母非常感慨地說：「如果我年輕時能多嘗試一些事情就好了。」戈德受到很大震動，決心自己絕不能到老了還有像老祖母一樣有無法挽回的遺憾。於是，他立刻坐下來，詳細地列出了自己這一生要做的事情，並稱之為約翰．戈達德的「夢想清單」。

他總共寫下了 127 項詳細明確的目標，包括 10 條想要探險的河、17 座想要攀登的高山。他甚至要走遍世界上的每一個國家，還想要學開飛機、學騎馬。他甚至要讀完《聖經》，讀完柏拉圖（Plato）、亞里斯多德（Aristotle）、狄更斯、莎士比亞等 10 多位大家的經典著作。他的夢想中還要乘坐潛艇、彈鋼琴、讀完《大英百科全書》(*Encyclopædia Britannica*)。當然，還有重要的一項，他還要結婚生子。

戈德每天都要看這份「夢想清單」，他把整份單子牢牢記在心裡，並且倒背如流。戈德的這些目標，即使從半個多世紀後的今天來看，仍然是壯麗且不可企及的。

但他究竟完成得怎麼樣呢？

在戈德去世的時候，他已環遊世界 4 次，實現了 127 個目標中的 103 項。他以一生設想並且完成的目標，述說他的人生和成就，並且照亮了這個世界。每當我們讀戈德的故事，便會不由自主地想到一句話：人生因夢想而偉大。

2. 劃分段落，集小勝為大勝

羅馬不是一天能建成的，萬里長城也不是一天壘就的。要達成一個宏大的目標，是不可能一蹴而就的，而是需要很長的時間，甚至需要幾代人的努力。如果一開始就緊盯終極目標、遠大目標，可能會讓很多人感到目標抽象模糊，因此望而卻步，知難而退，甚至會遭到很大的阻力。

有「現代管理之父」之稱的彼得．杜拉克說：「把眼光放得太遠是不大可能的 —— 甚至不是特別有效。一般來說，一項計畫的時間跨度如果超過了 18 個月，就很難做到明確和具體。」這就好比掛在樹上的果子，最吸引人的不是那個長在樹梢、最大、最紅的那個果子，而是跳一跳就能搆到的那個可以摘取的果子。

不要一開始就設定宏偉目標，而是把目標放到最低，事情是一點點細緻地做出來的。

為了讓大多數人能夠跳一跳就能觸碰到目標，智慧的領導者會化整為零，將一個大的目標細化分為幾個小的目標，將一個大的問題分解成若干個小問題，劃分成可行的步驟，一步一步來，像滾雪球一樣，最終實現大目標。這就好比公路兩邊的路標一樣，不僅用大圖示標明前面目的地的路程，同時，還以公里為單位，用小圖示標明一個個階段性的目標。透過階段式目標的實現，成就感和發展活力就會油然而生，可以讓團隊樹立自信，消除反對聲音，團結一切可以團結的力量，以更加的自信和勇氣，去實現更大的勝利。

舉一個生活中的簡單例子，如果出版社要求你寫一本書，建議字數在20萬字以上，這一艱鉅目標乍一聽令人生畏，給自己的心裡蒙上了一層陰影，但是，你如果列好提綱，把這個任務進行分解，分步來落實，堅持每天能寫上2,000字，日積月累，100天就能完成這項看似艱鉅的任務。

實證性研究顯示，終極目標明確、分階段的里程碑清晰，可以使人增強信心決心，從而快速地實現目標。

有這樣一個例子：經歷了幾週高強度的軍事訓練之後，

士兵們被分成四個組，彼此之間不能聯絡。所有的士兵都要在同一天行走 20 公里經過同一地段。第一組被告知明確的方向，並能即時了解已經完成的距離。第二組只是被告知「這是你所聽說過的長途行軍」，這些士兵既不知道要走多少路，也不知道已經走了多少路。第三組被告知先走 15 公里，但是當他們走完 14 公里的路程時，又被告知必須再走 6 公里的路程。第四組則被告知必須要走 25 公里的路程，但是當他們走完 14 公里的界碑時，被告知只剩下 6 公里的路程。

結果顯示，那些確切知道必須要走多少路以及行軍途中能即時了解已經走了多少路的士兵，比那些不曾得到這些消息的士兵成績要好。表現最差的則是未獲得關於目標或者已完成路程任何消息的一組士兵。

案例：痴狂青年孫正義竟然按 50 年規畫行事

身高不足 160 的孫正義，其職業歷程以驚人的超前部署讓人留下鮮明特點。

誰都有過長期規劃，誰都有過夢想，但大部分的人不會當真，或者當真了也只短暫有效，不能真正執行起來。但日本軟銀集團創始人孫正義把大學時期的規畫當真了，且 40 多年來執行得相當不錯。

19 歲的孫正義就制定了「人生 50 年規畫」，讓人訝異的是，現今 57 歲的孫正義一路走來，都在實踐著作為大三學生時的規劃路徑。孫正義曾這樣規劃道：「無論如何，20 多歲的時候，正式開創事業、揚名立業的大好時光」；「30 多歲的時候，至少要賺到 1,000 億日元」；「40 歲的時候，一決勝負，為做出一番大事業，開始出擊」；「50 多歲的時候，成就大業」；「60 多歲，交棒給下任管理者」。

2010 年孫正義在軟銀學院啟動儀式上的發言，如何選拔下一任軟銀總裁是其主旨，也就是說，現如今，孫正義為完成最後一個目標而努力奮鬥。比孫正義大 10 歲的作家井上篤夫感慨道：「20 多年來我一直以一個歷史記錄者的身分在關注他。他所說過的話，儘管枝節部分會有所出入，但根本的部分卻是樣樣都變成了現實。」

3. 遠見卓識，見微知著，一葉落而知天下秋

一個卓越領導者要有超強的判斷力，帶著望遠鏡和顯微鏡觀世界，既要有一種大視野和遠見卓識，善於從大局的角度來掌握自己的定位，又要做到見微知著，明察秋毫，一葉落而知天下秋，未雨綢繆，提前做好計畫安排，才能贏得主動權。否則，一個領導者抱著從眾心理，只關心眼皮底下的事，就很難成功，即使僥倖取得了暫時成功，也是稀里糊塗，不可能長久的。紅頂商人胡雪巖有一個形象的說法：

「做生意頂要緊的是眼光。你有一個府的眼光，就能做一府的生意；你有一個省的眼光，就能做一個省的生意；你有天下的眼光，就能做天下的生意。」

無數的實踐一再證明，機會總是垂青那些具有遠見卓識和敏銳判斷力的人，而風險和危機總是悄悄地離他們而去。對那些目光短視和缺乏判斷力的人，機會砸在頭上時，都不會察覺到，只能和來臨的機會失之交臂。

洛克斐勒（Rockefeller）與擦鞋童的故事相信大家都聽說過：當 1929 年華爾街股市崩潰前，一個街邊擦鞋童替洛克斐勒擦鞋時，悄悄地告訴他一項炒賣股票的所謂祕密內幕消息，當時洛克斐勒敏銳地領悟到當擦鞋童也參與股票市場時，後續部隊就不多了，便可能是應該離場的時候，他隨即將全部股票兌現，此舉令他得以儲存財富，演繹了一個個精彩的財富神話。

案例：杜德爾的敏銳新聞判斷力

1984 年 2 月 9 日，蘇聯領導人尤里．安德洛波夫（Yuriy Vladimirovich Andropov）逝世。這在當時可是舉世震驚的事情，但更令各國特別是蘇聯震驚的是：首先將這條重要消息公布於天下的不是蘇聯的新聞機構，而是美國駐莫斯科的首席記者杜德爾！

這真是滑天下之大稽！這真是讓蘇聯大丟面子！於是蘇聯和許多大國的情報組織紛紛猜測：如此重要的情報，很可能是杜德爾花重金收買了蘇方高級官員而得到的。蘇聯和任何其他國家一樣，都絕不會容忍在自己的核心機關內部隱藏著一顆定時炸彈。於是，蘇聯決心不惜任何代價，都要將此事查個水落石出，把內賊揪出來。然而，杜德爾卻毫不慌亂，胸有成竹。調查結果很快出來了。但它完全出乎蘇聯當局和許多大國情報組織的意料之外：杜德爾並沒有得到任何蘇方高級官員的任何情報，這條重要消息只是他身為一個新聞人，正確分析、敏銳判斷的結果。其主要依據如下。

一是安德洛波夫已有 173 天沒有在公開場合露面，近幾天還不時傳出他身體欠佳的消息。

二是當天晚間的電視節目，將原來的瑞典「阿巴」流行音樂換成了嚴肅的古典音樂，但並沒有說明變更的原因。

三是在向全國發表第一次電視講話時，蘇共新上任的高級官員伊戈爾·利加喬夫（Егор Лигачёв）省略了蘇聯高級官員在電視講話時必須轉達向安德洛波夫問候的程序。這可是破天荒的事！

四是當他驅車透過蘇聯參謀部大樓和國防部大樓時，發現那裡的幾百扇窗戶與平時不同，都亮著燈光，而且大樓附近還增加了衛兵和巡邏隊。

五是一位知道蘇聯高級官員活動內情的朋友，沒有如期與他通電話。

杜德爾把這些反常跡象連繫起來分析，認為這與 1982 年 11 月 10 日布里茲涅夫（Leonid Ilyich Brezhnev）逝世時的情景有許多驚人的相似之處。因此，他得出了大膽的令人震驚的準確判斷：安德洛波夫已於 1984 年 2 月 9 日逝世。美國首先報導安德洛波夫逝世的真正原因大白於天下之後，杜德爾的名聲大振，成為輿論界一顆更加耀眼的明星。

4. 不斷超越過去，修訂前進的方向

明確了方向，但不意味著方向是一成不變的。修訂方向與堅持目標是統一的，兩者並不矛盾。領導者要善於根據客觀環境的變化，不斷修訂前進的方向，關鍵時刻要有勇氣和魅力，勇於不斷否定過去的成功，因為永遠不變的是一切都在變化之中。

兩度出任英國首相、三度出任英國外交大臣的 19 世紀英國政治家亨利．巴麥尊（Henry John Temple, 3rd Viscount Palmerston），曾經說過一句十分著名的話：「我們沒有永遠的盟友，我們也沒有永久的敵人，只有我們的利益是永恆的，而我們的職責就是去努力地保護這些利益。」

二、
建立優秀文化，團結一致向前

老子說：「天下萬物生於有，有生於無。」金庸的武俠小說認為「無招勝有招」。

世界上一切資源都可能枯竭更替，只有一種資源可以生生不息，傳承發展，那就是無形的文化。歷史上富貴齊身卻名聲磨滅者不計其數，唯有孔子、屈原等聖賢人物卻能為後人稱道。這是因為前者承載的是物質與財富，後者承載的則是思想和文化。

1. 建設組織文化，創造一流業績

不論是一個國家，一座城市，還是一家企業，要維繫基業常青、永續發展，一定要有一種精神層面的東西存在，這種東西就是組織文化。建設組織文化，是組織永遠也繞不開的一個「檻」。文化是組織提高效率的倍增器，是融合內部關係的潤滑劑，是提升組織戰鬥力的加速器。沒有文化的組織是愚蠢的組織，愚蠢的組織是沒有競爭力的。正所謂：

一流國家做文化，二流國家做品牌，三流國家做產品；

一流城市拚文化，二流城市拚經濟，三流城市拚土地；

一流企業靠文化，二流企業靠制度，三流企業靠能人；

一流企業做文化，二流企業做市場，三流企業做產品；

一流企業做文化，二流企業做品牌，三流企業做品質。

企業文化雖然不能直接產生經濟效益，但它是企業能否繁榮昌盛並持續發展的一個關鍵因素。未來企業之間的競爭，最根本的是文化的競爭。誰擁有文化優勢，誰就能占據主動，擁有競爭優勢。如果說，小型企業靠老老實實做事能夠成長，中型企業靠實實在在做人能夠發展，那麼，大型企業要保持基業長青，就必須靠文化、靠哲學。

著名管理學家柯林斯（Jim Collins）在對1,400多個公司進行研究後，得出了結論：那些由優秀公司變為偉大公司的佼佼者並不一定都是擁有最新的技術和最擅長管理的CEO，他們最有力的武器是他們的公司文化，一種激勵每個人都按照他們想要的方式去工作的文化。山姆．沃爾頓（Samuel Moore Walton）在解釋沃爾瑪成功的奧祕時說：「是沃爾瑪的企業文化，它是其所有策略得以成功實施的土壤，沒有這些，沃爾瑪的奇蹟就不可能發生。」前GE公司CEO傑克．威爾許說過：「健康向上的企業文化是一個企業戰無不勝的動力之源。」

研究顯示，如果公司擁有強大的組織文化，並且企業文化是以共同的理念為基礎，其業績會大大超過其他的公司：收益成長快 4 倍，工作創新提高 7 倍，股價提高快 12 倍，利潤高 750%。[1]

不少學術文章反對老闆文化，其實一個企業的文化就是老闆文化，尤其是創業者文化，老闆的一言一行、一舉一動都會影響文化的塑造。

美國學者詹姆斯·M·庫茲和貝瑞·波斯納曾經在世界範圍內做過多次名為「受人尊敬的領導者特質」的調查，每次都有 80%以上的人選擇了「真誠」，「真誠」在所有的調查中差不多都是占據第一名的位置。在管理中，真誠是一種大德，聰明則只能是一種雕蟲小技，講一次謊話得需要至少十句真話來掩蓋它，平凡人的能力就是講真話。

傑克·威爾許就把坦誠精神視為企業取勝的關鍵性因素。在他看來，坦誠精神並不能一蹴而就，它需要年復一年地堅持下去。GE 便是花了近 10 年的工夫，才使得坦誠精神成為理所當然的事。而在這一過程中，領導者必須率先垂示，從自己開始，坦誠地面對所有的人。只有領導者自身保持高度的坦誠，把這種精神充分展現出來，證明給大家看，才能真正建立一種坦誠的文化。

傑克·威爾許曾直截了當地說：「缺乏坦誠是商業生活

中最卑劣的祕密。」「缺乏坦誠精神會從根本上扼殺敏銳創意、阻撓快速行動、妨礙優秀的人們貢獻出自己的所有才華。它簡直是一個殺手。」企業必須反對盲目的服從，每一位員工都應有表達反對意見的自由和自信，將事實擺在桌面上進行討論，尊重不同的意見。

傑克．威爾許在擔任 GE 的 CEO 後，在 GE 中大力推廣的便是「坦誠」的文化。

他說：「我一直都是『坦誠』二字強而有力的擁護者。實際上，這個話題我給 GE 的聽眾們宣講了足足 20 多年。」在傑克．威爾許看來，坦誠之所以能夠引導企業走向成功，主要透過以下三種途徑。

首先，坦誠將更多的人吸引到對話之中……大家會敞開心扉、互相學習。任何一個組織、部門或團隊，如果能把更多的人和他們的頭腦吸引到對話當中，馬上就能夠獲得一種優勢。

其次，坦誠可以推動速度的加快。大家一旦把想法開誠布公地表達出來以後，就能夠迅速展開爭論，進行補充和改進，然後予以落實。

最後，坦誠可以節省成本，而且是節省許多成本……可以想到的是，有了坦誠精神之後，我們可以少開多少形式主義的會議，少費多少精力去完成大家都已經知道結果的報表。再想一想，有了這樣的精神，在探討公司策略、新產品或個人業績表現的話題時，我們就可以少畫多少用心良苦的幻燈片，少做多少令人昏昏欲睡的演示，少開多少次乏味的祕密會議，而用簡單真實的對話取而代之。

狼這種動物有很多優點：狼非常富有團隊精神，懂得共同分享，從不會在自己的同伴受傷時獨自逃走，也不會獲取獵物自個享受；狼嗅覺十分敏銳，善於捕捉機會，哪裡有肉隔老遠就能嗅到，一旦嗅到肉味就會奮不顧身，勇往直前；狼十分精明而有靈性，攻取目標時穩準狠，死死咬住目標，不會輕易放棄，會用最小的代價，換取最大的回報，並十分注重速度致勝，快速獵取食物；狼十分講究秩序和紀律，在曠野中的狼群能夠奏響倍具威懾力和攻擊力的樂章；狼很有責任感，公狼在母狼懷孕的時候，會一直相濡以沫地守護著母狼，直到幼狼出生，並在小狼有獨立生存能力的時候才離開；狼群踩著積雪探尋獵物時，會以其特有的方式單列成行，一批跟著一批，領頭狼作為開路先鋒，具有犧牲精神和一股血性，雖然體力與精力消耗最大，但牠要率先衝出一條血路，以便後續隊伍保持有效的體力，進而保障狼群整體的攻擊力。狼性的這些優點，對一個競爭性的團隊來說，是非常必要的，也是非常有用的。

2. 打造英雄團隊，團隊裡的成員全是英雄

上一節談到組織文化，真正上層次的組織文化應該是老闆帶頭，率先垂示，透過不斷攪動鍋裡的水，消除內部不協調現象，在整個組織內營造一種團結友愛、相互信任的團隊氛圍，滲透在每個組織成員的言談舉止中，新進入的成員會自覺地被感染、被影響，甚至被裹挾著融入團隊，進而打造英雄的團隊，實現成員與團隊共成長，讓每一個成員都成為英雄。

在《西遊記》中，唐三藏即使取經的信念再強烈，意志再堅定，靠他一個人的努力也是到不了西天的。但是，他在五行山收了孫悟空、在鷹愁澗收了小白龍、在高老莊收了豬八戒、在流沙河收了沙和尚之後，情形就大不相同了，就形成了一個分工明確、結構合理的優秀團隊，四個弟子有馱人的、開路的、牽馬的，還有挑擔的，在師父唐三藏的率領下，在「取經成佛，普度眾生」共同目標的指引下，最終到達了西天，實現了奮鬥目標。四個有汙點的下屬，加上一個手無縛雞之力的領導者，最終組成了一個英雄的團隊，開創了一樁輝煌的事業，這就是團隊組合的魅力。如同一個配合嫻熟、最終奪冠的足球隊一樣，取經的榮譽屬於師徒五人組，師徒五人每一個人都是英雄。

《孫子兵法》中說：「上下同欲者勝。」孟子也有一句十

分經典的言論，「天時不如地利，地利不如人和。」一個人的智慧總是有限的，單打獨鬥、天馬行空、獨來獨往，即使本領再高，最多也只能稱得上是個俠客或勇士。大型組織要持續成長，不能僅靠一個有智慧的能人，必須是整體啟用，增強團隊凝聚力，打造認同組織價值觀的卓越團隊。高鐵之所以跑得快，每小時能達到400公里以上的速度，就是因為每一節車廂都有動力系統，能夠聚合力量，提升速度，而不是像傳統火車一樣「全靠車頭」。領導行為不是一個人的獨奏，背後是一個強大的團隊，需要團隊之間的合作，並且是有效的合作。傑克．威爾許說：「我的成功，10%是靠我個人旺盛無比的進取心，90%是倚仗著我的那支強而有力的合作團隊。」

漢代王符說：「大鵬之動，非一羽之輕也；騏驥之遠，非一足之力也。」大鵬沖天飛翔，不是靠一根羽毛的輕盈；駿馬急速奔跑，不是靠一隻腳的力量。人在一起不是團隊，心在一起才是團隊。英雄團隊的搭建，最主要的是透過合理的最佳化組合，確保團隊成員心往一處想，力往一處用，大家群策群力，集思廣益，形成無與倫比的發展合作力量，這是團隊業績致勝的法寶。「三個臭皮匠，勝過一個諸葛亮」。辦企業有點像爬聖母峰，目標是爬到山頂。不管是從北坡上，還是從南坡上，都能爬到山頂。但做企業時，隊伍總不能一半人從南坡上，一半人從北坡上，這是不行的，大家要從同一個方向朝目標前進。只有這樣，這個企業才會在競爭中有獲勝的機會。

離開了團結合作，搞本位主義，即使每個成員都是單打獨鬥的英雄，也一定會散掉的。貝爾·魯斯說：「齊心協力是團隊成功的關鍵。也許在你的團隊中，有不少明星員工，但如果他們並不是同心協力，這樣的團隊也毫無價值。」大多數失敗的領導者往往在同其他領導者合作方面存在問題，他們視工作為一場競爭，而不是積極建立與同事的關係。缺乏合作精神往往導致此類領導者無法獲得他人的幫助，或者是因無法得到他人的提醒而缺乏遠見，從而偏離正確的軌道越來越遠。

有一種現象叫「螃蟹文化」：當一隻螃蟹放到不高的水池裡時，牠能夠屢敗屢戰，憑著自己的本事爬出來，但是，如果好幾隻螃蟹放在一個池子裡，牠們就會疊羅漢，總有一個在上面，一個在下面，這時底下的那個就不做了，總想拚命地爬上來，並且開始拉上面螃蟹的腿。螃蟹們不是相互幫一把，而是相互扯後腿，結果大家忙得不可開交，但是，誰也爬不高，全都不能爬出來。「螃蟹文化」現象就如同鞋子裡的沙子，時刻在損害著組織利益，使團隊成員之間發生嚴重的內耗，導致團隊內部一盤散沙，對團隊建設有百害而無一利。「一個和尚擔水吃，兩個和尚抬水吃，三個和尚沒水吃」。因為內部的不團結，「窩裡鬥」，「外鬥外行，內鬥內行」，瞎搞，團隊的力量並沒有隨著人數的增加而加強，反而削弱，甚至抵消為零。

解決團隊內部的團結問題主要有五條途徑：第一是教育，透過教育，引導各個環節的成員能夠為團隊的共同目標而努力；第二是制度，透過有效的制度管理，確保各個環節在制度的約束下，能實現有效率的運轉；第三是合理的收入分配，透過合理的薪酬設計使團隊成員能夠安心盡職於職位，從而保障團隊的運轉；第四是讓大家快樂，透過舉辦多種形式的文化體育活動，把團隊建成一個快樂的組織，並以此感染團隊成員。第五是警示，對那些不認同團隊文化而且拒絕改正的成員，要建立推出機制，透過淘汰的方式即時清理出團隊。這些人能力越強，對組織的傷害力越大，是團隊建設的「害群之馬」。

不僅團隊成員內部需要合作，與競爭對手、上下游供應商等都要展開合作。

和氣生財，事業才能興旺發達。卓越的領導者不是關心如何將競爭對手踩在腳下，而是關心商業生態系統建設，打造利益共同體，一起為客戶創造價值。

商業生態系統理論認為，生物生態對商業生態的執行具有很強的類比作用。

無論是賣電腦、服裝還是汽車，一個公司的命運都日益與其他企業的命運聯結在一起。城門之火，也會殃及池魚。在一個混亂的行業或者產業鏈中，任何組織都無法獨善其身，就不會有一個贏家。

「現代企業競爭已不是單個企業之間的競爭，而是供應鏈的競爭。企業的供應鏈就是一條生態鏈，客戶、合作者、供應商、製造商命運在一條船上。只有加強合作，關注客戶、合作者的利益，追求多贏，企業才能活得長久。」

案例：賈伯斯走了，蘋果還是蘋果，企業文化成功傳遞

賈伯斯離開了，但他留下的遺產很長時間裡會強力阻止著其競爭對手的進逼步伐。

史蒂夫・賈伯斯離開了遍布他痕跡的世界，全球各界人士在紀念他的同時，關於蘋果未來的討論，已成為無法迴避的焦點話題。而在賈伯斯去世之後，蘋果股價並未出現預期的暴跌。

外界之所以討論蘋果王朝的未來，毋庸置疑是因為賈伯斯的偉大和不可替代。

身為蘋果之魂，賈伯斯的離去對蘋果的損失是無法估量的，股價的微跌不代表賈伯斯對蘋果的不重要，但是，賈伯

斯的離去也不理所當然意味著蘋果王朝的就此終結。判斷蘋果的未來，要看賈伯斯究竟給蘋果留下了什麼樣的遺產。

事實上，對於蘋果而言，延續在全球科技界霸權偉業的關鍵，是和賈伯斯本人一樣重要的創新能力，從而根據市場的不斷變化推出的令人耳目一新的產品。可以說，從賈伯斯健康不佳的那一天起，蘋果公司就開始了「後賈伯斯時代」的應對工作。

作為一個現代企業，蘋果的成功之處就在於主動出擊，將其倡導的公司靈魂、創新文化和後續的一系列足以應付競爭對手的產品留給了蘋果，不會出現「人亡政息」的競爭悲劇，這無疑是賈伯斯留給蘋果的最寶貴的遺產。

其一，賈伯斯的繼任者庫克（Tim Cook）被視為賈伯斯的最好的接班人，其最大的成功之處就是具有和賈伯斯一樣的追求完美、注重細節以及持續的創新精神，蘋果的整個團隊仍然保持了完整和強大；其二，在賈伯斯去世之前，蘋果在賈伯斯的幫助下設定了一個長期的蘋果產品路線圖，打上賈伯斯烙印的備份新產品充足，不會出現產品的短路；其三，蘋果仍然持續領先，蘋果的現金儲備高達 760 億美元，隨時可以發起策略性併購和收購專利技術的能力；最後，特別重要的是，蘋果公司在賈伯斯的領導下，已經形成了獨特的創新文化，賈伯斯成功地將自己的高標準傳授給了蘋果的每一個員工，這種文化並沒有隨著賈伯斯的離去而消逝。

的確，賈伯斯是不可替代的，但是，作為一個現代的科技公司，蘋果的可貴就在於可以擺脫對賈伯斯的依賴，這是蘋果最可怕的競爭力。對於微軟、Google 等挑戰者而言，最大的悲劇也許是和賈伯斯同一個時代，但更大的悲劇是，即使賈伯斯離開了，他留下的遺產也在很長時間裡會強力阻止著他們的競爭步伐。

三、建構科學機制，防止權力濫用

如果說，文化是讓會犯錯的人不願意犯錯，那麼，制度則是讓想犯錯的人犯不了錯。英國思想史學家阿克頓男爵（1st Baron Acton）曾經說過：「權力導致腐敗，絕對權力導致絕對腐敗。」人類歷史也一再證明：凡是不受制約的權力，必定會導致濫用；權力被濫用，必定導致政治腐敗和專橫，即使品德很高尚的人，也難以逃脫這個規律的約束。

我們每個人都是「被上帝咬過一口的蘋果」，總有這樣或那樣的缺點，光輝的太陽也有黑子風暴，即便是偉大的人物，也有犯錯的時候，很難以逃脫這個普遍的規律。

權力制約是現代民主的象徵和標誌，完善科學合理的權力制約機制是領導體制改革的一個永恆話題。要有效地防止領導犯錯，靠領導者本身提升自我修養是無法從根本上解決的，必須靠一種互相制衡、集體決策的良好機制，使他們不能犯錯。事實證明，面對權力的巨大誘惑，領導者大多是凡人不是神，很難做到「大道之行，天下為公」，也難以主動削權、自願接受民主監督，這是由人性決定的，與品德修養無關。

企業管理也不例外，重要職位或核心資源，完全託付給一個人，不能建立有效的監督制約機制，也是一件風險很大的事。「用人要疑」，所謂懷疑不是人對人的懷疑，而是建立在制度上的懷疑，既要放權讓下屬大膽地去做，又要進行必要的監督控制，像放風箏一樣，「放得開，收得攏，收縮自如」，才能飛得高、飛得遠。任何重要的職位都有專門的定期或不定期的檢查，還有離職的檢查。起初，許多人都不習慣，感到不舒服，認為公司不信任人，但後來他們理解了，這不是不信任，而是以不講情面但卻公平的制度讓人少犯錯，將風險降到最低，是保護優秀幹部的重要舉措。

現在，很多企業家大都比較推崇「聽多數人意見，跟少數人商量，自己做決定」的決策方式，它較好地處理了民主與集中的關係，實現了公平與效率的平衡，是一種較為科學的現代管理方式。

案例：七人分粥的故事

7 個人住在一起，每天分一大桶粥。要命的是，資源總是有限的，粥每天都是不夠的，無法滿足每一個人按需分配的要求。為了實現分配過程中的公平合理，他們摸著石頭過河，先後探索出了一系列的分粥方法。

一開始，他們採取抽籤決定誰來分粥，每天輪一個。於是乎每週下來，他們只有一天是飽的，那就是自己分粥的那一天。人性自私的一面曝露無遺，時間越長，這種辦法的弊病就越明顯，造成了嚴重的資源浪費。

後來他們開始推選出一個道德高尚的人，由他長期主持分粥工作，起初取得了一定的成效。權力就會產生腐敗，絕對的權力會導致絕對的腐敗。時間一長，大家開始挖空心思去討好他，賄賂他，搞得整個小團體烏煙瘴氣，大家認為這種方式也不可靠，這個道德高尚的人在主持分粥的過程中，也學壞了，變得不再高尚。

然後大家研究，組成三人的分粥委員會及四人的評選委員會，由分粥委員會決定並執行分配方案，每次分粥前，分粥委員會要進行開會專題研究，這個說一句，那個說一句，互相攻擊賴皮下來，粥吃到嘴裡全是涼的。

最後想出來一個方法：輪流分粥，但分粥的人要等其他人都挑完後拿剩下的最後一碗。為了不讓自己吃到最少的，每個人都運用一切合理的方法，盡量分得平均，就算不平均，也「啞巴吃黃蓮，有口難言」，只能認了。大家快快樂樂，和和氣氣，「家和萬事興」，日子越過越好。

好制度能造就好人，而不好的制度會使好人做壞事。同樣是七個人，面對的是分粥這同一件事，但是，不同的分配制度，就會有不同的風氣，結果也迥然不同。

一個單位如果有不好的工作風氣，一定是機制出了問題。如何從順從人性的角度出發，利用人的利己本性去引導他做有利於團隊的事，這是每個領導者需要考慮的問題。

第三章

卓越領導者如何管理人才

曹操提出「唯才是舉、不拘一格」的論斷，曾經多次下令，公開向天下求賢才。孫中山在一篇憂國憂民的上書中這樣說，必須實現人盡其才、地盡其利、物盡其用、貨暢其流，才是治國的根本。

Hay 集團（國際人力資源管理諮商公司）董事會副主席梅爾·史塔克（Mel Stark）認為，在當今的環境下，領導者絕不能僅僅完成計畫統計數字目標，而是應該做得更多。為有效地執行發展策略，他們必須將人列為第一位的因素，持續不斷地與他們溝通並開發他們身上的潛能。

三星創始人李秉喆也曾坦言：「在我的生命中，80%的時間都被用來網羅和培養有潛力的人才了。」

可口可樂的員工經常說：「我們是一家培養人才的公司，生產碳酸飲料不過是我們的副業。」

……

正所謂英雄所見略同，他們表達了一個共同的結論：人才是做好一切工作的根本要素。共同創業，實現持續發展、基業常青最重要的是人才，最難用、最難管的也是人才。「治國興邦，人才為急；執政興國，唯在得人。」人才是開創任何一項事業最關鍵的財富。一個卓越團隊最大的人力資源總監一定是領導者本人，現有的人力資源總監只是領導者的助理而已。

領導者是腦力勞動，用賢不用力，是不用親自做事的，他的核心工作是需要用好人，調動團隊成員的積極性，透過別人的業績展現自己的水準。因此，領導者開創事業的大小，主要取決於其手下英雄豪傑的能力，而與其本身的功力關係並不大。

撥開歷史的長河和文學的殿堂，有一種「無能而能」的現象十分引人注目：

有一些看似平庸、沒有任何英雄氣度的人，手下卻盡是英雄豪傑，盡心盡力地為其效勞：一介平民、不學無術的劉邦手下人才輩出，張良擅長謀略，蕭何擅長治理國家，韓信擅長打仗，最終成為中國歷史上第一位農民出身的皇帝；黑三郎宋江看似武功不強，謀略不高，卻統領著不怕天不怕地的梁山好漢一百零八將，個個服服貼貼，最終以群雄之首招安拜將；文弱的唐僧，手無縛雞之力，卻率領著武藝高強、出神入化的孫悟空、豬八戒、沙僧、白龍馬去西天取經，最後取得真經，功德圓滿；劉備從一個織草蓆的破落皇族起家，與武藝高強的關羽、張飛「桃園三結義」，三顧茅廬拜當世英才諸葛亮為軍師，建立了蜀國，成就了霸業，與曹操、孫權成三足鼎立之勢……

這些看似平庸無奇的人，身上卻擁有一種特殊的氣場，閃爍著領導的智慧，他們振臂一呼，應者雲集，讓英雄自願聽令、心悅誠服。藉助人才的鼎力相助，他們實現了東山再起，成就了歷史偉業。這就是領導用人的藝術和魅力。

進入 21 世紀，社會分工更加明細，科學技術日新月異，任何領導也無法學盡天下知識，人才的重要性顯得比以往任何時期都重要。

總之，領導者之間對抗的不是個人的本事，而是用才的能力，背後團隊的整體作戰能力。

領導用才主要是學會識才、選才、用才、容才、留才、管才，把人才從芸芸眾生中找出來，選進來，用得好，容得了，留得下，管得住，將正確的人放在正確的位置上。

下面，本章將從以下 6 個方面對人才進行分析：

識才篇 —— 慧眼識英才（找出來）；

選才篇 —— 不拘一格降人才（選進來）；

用才篇 —— 八仙過海，各顯神通（用得好）；

容才篇 —— 宰相肚裡能撐船（容得了）；

留才篇 —— 千方百計留下來（留得下）；

管才篇 —— 沒有規矩，不成方圓（管得住）。

一、

識才篇 —— 慧眼識英才

世上不缺少美，只是因為缺少發現的眼睛。人才也是這樣，世上也不缺少人才，只是缺少發現人才的眼睛。有眼光，才能遇見諸葛亮。

古人云：「先有伯樂而後有千里馬，千里馬常有而伯樂不常有。」千里馬就是社會中的菁英和人才，而伯樂就是善於發現人才的千里眼。然而千里馬散落在馬群之中，有時不顯山，不露水，臉上也沒有貼著標籤，在被塑造成為千里馬之前，甚至還不如普通的馬能幹。正如古語所云：「駿馬能歷險，犁田不如牛。」千里馬雖然能夠歷險，日行千里，夜行八百，但是，耕起地來卻不如牛。

《呂氏春秋》上說：「使人大迷惑者，必物之相似者也。玉人之所患，患石之似玉者；相劍者之所患，患劍之似吳幹者；賢主之所患，患人之博聞辯言而似通者。亡國之主似智，亡國之臣似忠。相似之物，此愚者之所大惑，而聖人之所加慮也。」

識人如辨物，最令人難辨的，一定是那些似是而非的贗品。玉和石，肉眼一看，是很容易分辨出來的，但是若遇到一塊很像玉的石頭，那麼即使是珠寶店的專家，也感到很頭痛了。至於評價寶劍也是一樣，普通的生鐵所鑄、鋒刃不利的，一望而知，但是如果一把劍的樣子長得很像干將、莫邪等古代名劍，也會令古董商人頭痛。

物固如此，對人的認識就更難。因為人是活著的，也是不斷變化的，會自我粉飾，所以一個賢能的君主也怕遇到那種會耍嘴皮子、能說善道的辯士，弄得不好就誤認為他是有真才實學的通人，予以重用而終於誤國誤事。

歷史上更有許多亡國之君，看來非常聰明；一些亡國之臣，看來也是非常忠心耿耿的。相似的事物，使愚鈍的人深感迷惑，就是聖人也要認真加以思索啊！

領導者要做到知人善用，第一步就是需要擁有一雙慧眼，把千里馬從馬群中給找出來，把高級仿製品從真品中選出來，莫要看花了眼，看走了眼，這其實就是領導的識才術。「是騾子是馬，拉出來遛遛」，對人才的辨識往往要經過「認識——實踐——再認識」的反覆過程，透過波浪式前進，螺旋式上升，來辨別一個人究竟是人才還是偽才，是多大的人才，哪方面的人才。

大家都知道「人不可貌相，海水不可斗量」的道理，但在識人識才的實踐過程中，人們往往不能逃脫「初始效應」

規律的束縛。就連三國時期孫權、劉備這樣的傑出人物，有時也是以貌取人，認為像龐統這樣面貌醜陋之人不會有什麼才能，均曾錯失了這名與諸葛亮齊名的一世英才。孫權接見龐統時，「權見其人濃眉掀鼻，黑面短髯、形容古怪，心中不喜」；劉備對龐統的第一印象是，「玄德見統貌陋，心中不悅」。

關於識才的方法，自古以來就十分重視，很多歷史名人在治國平天下的實踐中，總結了一套行之有效的識人方法，至今仍不過時，對今天的我們研究領導識才藝術，仍然具有很重要的指導意義。

識才工具一：荀悅人性的正反面

鑑識人，見其器度固難，即使是從言行有了認識，也是不夠的，還必須要更深入地了解個性。

在荀悅的《申鑑》中，有一段討論到器度的反面個性。

之一：人之性，有山峙淵渟者，患在不通。一個穩如山岳，太持重的人，做起事來，往往不能通達權宜。

之二：嚴剛貶絕者，患在傷士。處事太嚴謹剛烈、除惡務盡的人，往往會因太過嚴苛而毀了人才。

之三：廣大闊蕩者，患在無檢。過分寬大的人，遇事又往往不知檢點，流於怠惰簡慢，馬馬虎虎。

之四：和順恭慎者，患在少斷。對人客氣，內心又特別小心謹慎的人，在緊急情況下、關鍵時刻，則沒有當機立斷的魄力。

之五：端愨清潔者，患在狹隘。做人方方正正、絲毫不苟取的人，又有心胸狹隘、施展不開的缺點。

之六：辯通有辭者，患在多言。那種有口才的人，則常犯話多的毛病，言多必失，多言是要不得的。

之七：安舒沉重者，患在後世。安於現實的人，一定不會亂來，但他往往是跟不上時代的落伍者。

之八：好古守經者，患在不變。尊重傳統、守禮守常的，又往往會食古而不化，死守著古老的教條，於是就難有進步。

之九：勇毅果敢者，患在險害。現代語所謂有衝勁、有幹勁的人，在相反的一面，又容易過於冒險，造成危險。

綜上所述，認識了一個人的氣度，同時還要知道這一種氣度在反面有什麼缺陷，那麼，「事上」也好「用下」也好，才能達到知人善任的目的。

識才工具二：諸葛亮識才七法

諸葛亮在《將苑．知人性》一文中提出了自己的識人七法，可概括為：志、變、識、勇、性、廉、信七項內容，其方法既簡單易行又行之有效，告訴我們如何透過現象看本質。

一曰：問之以是非而觀其志。辨識人才不僅要辨識人的才能，更重要的是要辨識人才的人品與志向。向對方提出大是大非的問題，看他的人生觀、價值觀有何特點，在大是大非問題上含混不清、模稜兩可，則無法與團隊的文化相吻合。

二曰：窮之以辭辯而觀其變。用無懈可擊的言辭把他逼到理屈詞窮的地步，讓他只有招架之功而無還嘴之力，看他的反應能力如何，是否頭腦靈活，思維敏捷，以此來考察對方的應變能力。

三曰：諮之以計謀而觀其識。向對方提出問題，讓他思考相應的計謀對策，進而考查對方謀略是否深遠周全，見識是否獨特深刻，視野是否寬闊廣博。

四曰：告之以難而觀其勇。透過棘手的事情來考查對方的勇氣，在重用一個人之前，先讓他到最艱苦的地方去鍛鍊，讓其「受命於危難之中」，看他臨危遇難時的勇氣。

五曰：醉之以酒而觀其性。俗話說「酒後吐真言」。人醉酒之後，往往會消除人際交往中的隔閡，把潛藏在心靈深處的本我展露出來，這時察人觀性往往更真實、更有效。

六曰：臨之以利而觀其廉。「臨之以利」是給予機會，甚至是把重要職位交付予人才，然後在重要職位上考查他是否經得住「金錢關」的誘惑，做到清正廉明、廉潔自律。

七曰：期之以事而觀其信。與對方商定某事，看他能否講信用。「言而無信，不知其可也。」看一個人講不講誠信，不能看他說得怎樣，要看他做得怎樣，是否言行一致。

識才工具三：《呂氏春秋》之八觀

《呂氏春秋》裡面記載了這樣的看人要訣：「凡論人，通則觀其所禮，貴則觀其所進，富則觀其所養，聽則觀其所行，止則觀其所好，習則觀其所言，窮則觀其所不受，賤則觀其所不為。」這個方法可以概括為「八觀」。

一觀：通則觀其所禮。一個人發達了，要看他是否謙虛謹慎、彬彬有禮、遵守規則。如果是得意忘形、不可一世，那充其量只能是「土豪」，難以成就大事。

二觀：貴則觀其所進。一個人地位高了，要看他推薦什麼人。他提拔什麼樣的人，他就是什麼樣的人。

三觀：富則觀其所養。一個人有錢了，要看他怎麼花錢，給誰花，花在什麼地方。人窮的時候節儉，不亂花錢，那是資源和形勢造就的；人富了以後還能保持節儉，才是品行的展現。

四觀：聽則觀其所行。聽完一個人的話，要看是不是那樣去做的，是不是言行一致。不怕說不到，就怕說了做不到。

五觀：止則觀其所好。透過一個人閒時的愛好，能看出這個人的本質。

六觀：習則觀其所言。透過和他探討問題，看看他有什麼樣的言論。

七觀：窮則觀其所不受。人窮沒關係，窮人不占小便宜，人窮志不短，這樣的人本質好。

八觀：賤則觀其所不為。人地位低沒關係，不卑不亢，保持自己的尊嚴，這樣的人本質好。

「八觀」之後再進行「六驗」：

喜之以驗其守：使之得意，看是否忘形。

樂之以驗其僻：使之高興，看是否不變操守、邪僻不正。

怒之以驗其節：使之發怒，看是否能自我約束。

懼之以驗其持：使之恐懼，看是否意志堅定、不變信念。

哀之以驗其人：使之失敗，看是否自制、自強。

苦之以驗其志：使其處於艱苦環境，看其是否有大志。

識才工具四：喬治・奧迪約姆辨識人才七法

在一個企業裡，一些工作人員的巨大潛力被無謂地浪費掉或未能得到充分的發揮，是常有的事。為了企業的利益，主事者應善於辨識企業裡的明星，使之不被埋沒。

管理學教授喬治・奧迪約姆指出了該類人物的兩個主要特徵：一是明星人物有超乎其所擔負任務的工作能力；二是通常他能完成更多的工作，且取得更好的成績。

至少可以提出如下幾個問題，用以辨識你企業裡的明星。

1. 他有沒有雄心壯志？明星人物必須有取得成就的強烈願望。他透過更好地完成工作，不斷地去尋求發展的機會。

2. 有無需要求助於他的人？這個問題的答案是很重要的。如果你發現有許多人需要他的建議、意見和幫助，那他就是你要發現的明星了。因為這說明了他具有解決問題的能力，而他的思想方法為人們所尊重。

3. 他能否帶動別人完成任務？注意他是否能動員別人進行工作以達到目標，因為這可以顯示出他具有管理的能力。

4. 他是如何做出決定的？注意能迅速轉變思想和說服別人的人。一個有才幹的高階管理人員，往往能在需要的條件都已具備時立即做出決定。

5. 他能解決問題嗎？如果他是一個很勤奮的人，他從不會去見老闆說：「我們有問題」。只有在問題解決了之後，他才會找到老闆彙報說：「剛才有這樣一種情況，我們這樣處理，結果是這樣。」

6. 他比別人進步更快嗎？一個明星人物通常能把上級交代的任務完成得更快更好，因為他勤於做「家庭作業」，他隨時準備接受額外任務。他認為自己必須更深地去挖掘，而不能只滿足於懂得皮毛。

7. 他是否勇於負責？除了上面提到的以外，勇於負責是一個經理人員的關鍵性條件。

二、

選才篇 —— 不拘一格降人才

當前普遍存在一種「人才高消費」現象：一些單位甚至在應徵從事事務性和操作性的員工時，也動輒要求全日制研究生以上學歷、多益950以上等，有些甚至在應徵博士研究生時還要求本科必須是頂尖大學畢業。當然，這些限制自然有其合理的一面，它有助於單位快速從目標人群中選擇較為適合的人，但同時也存在著相當大的局限性，一些真正出類拔萃的人才可能因為沒有通行證，而被擋在了大門之外。

比爾蓋茲和賈伯斯均是大學肄業青年，但他們影響或引領了世界 IT 業的發展趨勢，當之無愧是 IT 業的頂尖級人才，他們是 NO.1，但是，他們連大學都沒畢業，試想，如果他們前來應徵，很可能會在資格審查的環節就被淘汰出局，豈不可笑？

一個卓越的領導者在慧眼辨識英才之後，會作為一個積極的「淘金者」，該出手時就出手，果斷出擊，打破常規和壁壘，將組織需要的金子人才納入自己麾下，讓其實現「是金子，就要發光」的夢想。這或許是卓越領導者之所以能鶴立雞群、成就偉大事業的重要原因之一。

傑克．威爾許對擇才藝術有其獨特的見解。他認為，挑選最好的人才是領導者最重要的職責。領導者的工作，就是每天把全世界各地最優秀的人才攬過來。

三國時代，天公抖擻，人才普降。曹操愛才惜才，基本做到了不拂天公美意，將各路人才盡數收羅，使各就各位，共襄大業，使魏營集團形成了「猛將如雲，謀士如雨」的強大陣容，人才輩出，層出不窮，為實現他「摧滅群逆，克定天下」的政治抱負打下了堅實基礎。與其形成鮮明對照的是，蜀國由於沒有形成良好的選人用人機制，在諸葛亮離世之後呈現出人才枯竭的局面，「蜀中無大將，廖化當先鋒」，蜀國伴隨著人才枯竭也走向了帝國的窮途末路。

曾國藩也撒下大網，廣選人才，「以天下為籠，雀無可逃」，那個時代幾乎所有的優秀人才都願意為他所用，他的手下也湧現了一批傑出的人才。最終，他一個飽讀詩書的文人，將湘軍打造成為了那個時代最有凝聚力、最有戰鬥力的部隊，最後打敗了轟轟烈烈的太平軍，完成了正規軍都沒法完成的事業，他自己也成為當時清廷地位最高的漢臣。

不同的團隊有不同的人才需求，就是同一個團隊在不同時期的選人標準也有很大的差異，選才不能看學歷，也不能看資歷，最重要的是兩點：

一是「能為公司賺錢的人，才是公司最需要的人。」

二是「適合的就是最好的」。要因地制宜，制定適合自己的選才標準，不能跟風和盲從。「鞋子合不合腳，自己穿了才知道」。有人曾問 LV 的高層，該公司如何找到生產出如此高品質產品的員工，這位高層答道：「我們尋找在生活處處追尋高生活品質的人。這種品味是無法訓練出來的。」

案例：一個梯子定成敗

某大型公司高薪應徵一名市場行銷總監，報名的人很多，經過層層篩選考試，最後只剩下三個人競爭。在一道道案例分析題測試難以區分勝負後，為了測試這三個人的實際操作能力，公司出了一道看似簡單的怪題，讓三個人到果園裡比賽摘水果，在規定時間內摘得最多者勝出。

三個人中一個身手敏捷，一個身材高大，一個較普通，沒什麼特別之處。

按照常理來說，身手敏捷和高個子的選手占有先天優勢，但是最後獲勝的卻是那個看似普通的人。

原來，他們要摘的水果大多在很高的位置，很多都在樹梢上。高個子選手儘管可以一伸手就能摘到一些果子，但能夠摘到的數量畢竟有限。身手敏捷的人儘管可以爬樹，但樹梢的一部分，他就鞭長莫及了。

眼看著前兩個選手都已經摘到了好幾個果子，第三個看似普通的選手並沒有著急摘果子，而是先看那兩個人的做法，分析制約效率的問題，然後，他快速向門口跑。在剛進門時，他快速地和看門老頭打個招呼，遞上一支菸給他，然後謙虛地請教老人平時他們是如何摘樹梢上的水果的。

老人笑了笑，指了指不遠處牆邊的一個梯子。他向老人借了梯子和果籃，忙而不亂地摘起了果子。有了梯子，他能伸得更高；有了籃子，他能拿得更多。結果他摘得最多。

最後這家大型公司就錄取了他，另外兩個看似有優勢的選手卻名落孫山。這個故事啟示我們，在共同創業的過程中，合理藉助工具，利用社會資源，可以化腐朽為神奇，實現高效地達成使命的效果。

三、
用才篇 —— 八仙過海，各顯神通

劉邦與項羽之戰已經過去了 1,800 多年，但人們對那段著名的楚漢之爭仍然津津樂道，很多人也對英雄末路中的項羽自刎烏江的悲壯結局惋惜不已。李清照在著名的〈夏日絕句〉中說：「生當做人傑，死亦為鬼雄。至今思項羽，不肯過江東。」杜牧在〈題烏江亭〉中感嘆：「勝敗兵家事不期，包羞忍恥是男兒。江東子弟多才俊，捲土重來未可知。」

劉邦一介布衣，甚至帶有濃重「流氓」色彩與習氣，緣何能戰勝「力拔山兮氣蓋世」的楚霸王項羽，成為漢朝的開國皇帝，也是中國歷史上第一個平民出身的皇帝。對此，史學家及民間眾說紛紜。有一副對聯說得好：「楚霸王英雄憑一勇，漢高祖仁義用三傑。」司馬遷的《史記．高祖本紀》對其中緣由也有著十分精彩的記載，大意如下：

高祖在洛陽南宮大擺酒宴，酒過三巡，高祖說：「列侯和各位將領，你們不能瞞我，都要實話實說。我之所以能取得天下，是因為什麼呢？項羽之所以失去天下，又是因為什麼呢？」

高起、王陵回答說：「陛下傲慢而且好羞辱別人；項羽仁厚而且愛護別人。可是陛下激勵機制做得很好，派人攻打城池奪取土地，所攻下和降服的地方就分封給人們，跟天下人同享利益，這是陛下隊伍越帶越大、奪取天下的原因。而項羽卻妒賢嫉能，忌妒有功的人，懷疑有才能的人，打了勝仗卻不給人家授功，奪得了土地卻不給人家好處，不能與民同樂，與民同利，這就是他隊伍越打越小、失去天下的原因。」

高祖淡然一笑，對自己的成功做了進一步總結，說：「你們只知其一，不知其二，都說得不夠全面。我呀，之所以能夠取得天下，主要是我用了三個人才，就是漢初三傑。如果說運籌帷幄之中，決勝於千里之外，我比不上有『帝王師』之稱的張子房；鎮守國家，安撫百姓，供給糧餉，保證運糧道路不被阻斷，我比不上蕭何；統率百萬大軍，決戰沙場，戰則必勝，攻則必取，我比不上『韓信點兵，多多益善』的韓信。這三個人都是人中的俊傑，都比我強很多，可是，我知人善用，能夠充分運用並施展他們的才幹，這就是我能夠取得天下的原因所在。項羽雖然有范增，卻不能真正信任，這就是他失敗的原因。」

人才是最寶貴的資源，難識且難選，如何做到人盡其才更是一門大學問，否則，也只能是「抱著金飯碗去要飯」。

《老子》中說：「善用人者為天下。」古往今來，所有偉大的成功歸根結柢都是用人的成功，而不是領導者個人的成功，反過來，所有重大的失敗，也都是用人的失敗。「成也用人，敗也用人」。拿破崙說過，最難的倒不是選拔人才，難點在於選拔後，怎樣使用人才，使他們的才能發揮到極致。

諸葛亮也感嘆「非得賢難，用之難」。

1. 人是需要激勵的

人是需要激勵的。既想讓馬兒跑，又想讓馬兒不吃草，可能維持一時，但是不會持久的。美國哈佛大學管理學教授詹姆斯認為，如果沒有激勵，一個人的能力發揮不過20%-30%，如果施以激勵，一個人的能力則可以發揮到80%-90%。

為了讓團隊成員能真正安心地在最適合他的職位上發揮能力，智慧的領導者會想法設立多條激勵的跑道，讓在每一條跑道上領先的人才都可以實現自己心中的抱負。例如，在一個企業裡，領導者除了正常的職務晉升外，還要打通技術、銷售等人員的上升管道，讓業績凸出的技術、銷售人員可以發展為高級資深員工，領的薪資和獎金比他們的上司還要高，這樣就能讓他們安心在現有適合自己的職位上發展，而不是煞費苦心、擠破頭皮地往領導職位上去努力。「千軍萬馬擠獨木橋」的後果可能是少一個銷售的菁英、技術的骨幹，而只是多了一名普通平凡、可有可無的行政管理人員，將稀缺資源用成了大眾資源，不利於人才資源的綜合開發和利用。

激勵必須因人而異，因事而異，具體情況具體分析。領導者在進行激勵選擇和設定時，要首先分析其在馬斯洛需求層次中的哪一個層次，然後投其所好，採用不同的激勵因素，有針對性地滿足不同團隊成員的需要，從而激發其創造的積極性。如同你想釣到魚，就要先弄明白魚兒喜歡吃什麼，魚兒喜歡蚯蚓，你就應該在釣鉤上裝上蚯蚓。

下面以技術人員與管理人員為例進行說明，[1] 據調查，技術人員與管理人員對激勵因素的排序如表 3-1 所示。從表 3-1 中可以看出，技術人員一般並不真正願意成為專職的管理人員。與管理人員相比，技術人員更易受發展機遇、個人生活、成為技術主管的機會的影響，而不易受責任感、與下屬關係等的影響。

表 3-1 技術人員與管理人員激勵因素的比較

序號	技術人員	管理人員
1	成就感	責任感
2	發展機會	成就感
3	工作樂趣	工作樂趣

4	個人機會	受認可程度
5	成為技術主管的機會	發展機遇
6	技術領先	與下屬關係
7	同事間人際關係	同事間人際關係
8	受認可程度	業務領先
9	薪水	薪水
10	責任感	操控能力

2. 用人可親，建好自己的班底

「打仗親兄弟，上陣父子兵」。共同創業關鍵時刻還是要靠自己的班底。班底平時做好本職工作，關鍵時刻能挺身而出，把團隊的事當成自己家的事，不計代價，不計成本，擔負起力挽狂瀾的重任，他們身處有限職務，承擔無限責任，是事業發展的支柱和基石。

班底一般具有以下特點：一是態度忠誠，責任心強，點點滴滴都能看在眼裡，放在心裡，會替事業考慮，替你分憂；二是專業能力凸出，具有超強的執行力，能適應團隊發展的策略需求，關鍵時刻能招之即來，來之能戰，戰之能勝；三是與你合作默契，溝通成本很低，有時一個眼神，一個表情，就能快速地領會你想表達的意思，並迅速地去執行。

在具體實踐中，常有一些領導者感嘆：容易找到人，但不容易找到人才；容易找到人才，但不容易建立團隊；容易建立團隊，但不容易建立班底；只要有了班底，心裡就會有底了。身邊不光要有人，一定要有班底，文武配合，性格互補，領導者居中排程，只有這樣，才能有效地貫徹領導者的政治路線，才能禁得起驚濤駭浪的考驗。

在選建班底的過程中，可以「任人唯親」，從自己的親信中選拔產生。教條地相信「任人唯賢」，盲目地相信「外來的和尚會唸經」，可能會適得其反，「招來女婿氣走兒」，得不償失。小布希（George Walker Bush）第二次當選為總統，他任命的國務卿就是他的親信萊斯（Condoleezza Rice）。

3. 最佳化組合，完美的團隊是可以打造的

大家中學時就知道，金剛石和石墨的化學成分相同，然而呈現在人們面前的物質卻截然不同，一個是光彩照人、堅硬無比，一個是單調普通、軟若泥塊。

同樣的化學成分，差距為什麼就這麼大呢？分子的排列組合決定了它們不同的命運。團隊建設也是如此，同樣的人才，不同的搭配組合，就會造成天壤之別的效果。

領導用人就是把正確的人放在正確的地方，大材大用，

小材小用，文武搭配，性格互補，然後，透過不斷攪動鍋裡的水，讓每一個人都忙起來，發揮其最大的功效。領導用人的差距決定領導水準的高低，差的領導能讓人才退化為人手，好的領導能把人手一步步培養為人才。

日本著名松下集團老闆松下幸之助有一句至理名言：「一個人的才幹再高，也是有限的，且往往是長於某一方面的偏才。而將眾才為我所用，將許多偏才融合為一體，就能組成無所不能的全才，發揮出無限巨大的力量。」

以《西遊記》西天取經這個團隊為例，師徒五人性格各異，雖然都有一些弱點和不足，但透過領導者如來佛祖的搭配，組合在一起就是一個十分完美的取經團隊。但是，如果把豬八戒、沙僧、白龍馬全部換成能徵善戰、善於捉妖、本事更大的猴子，這個團隊會成什麼體統？讓猴子陪師父聊天解悶、充當情緒緩衝器，他不如豬八戒；讓猴子挑擔，他不如沙和尚；讓猴子當馬騎，他肯定沒白龍馬舒坦。其結果可能是，團隊整體績效可能會不升反降。

4. 適合的就是最好的

曾國藩說：「世上沒有庸才，只有放錯職位的人才。」張居正也說：「世不患無才，患無用之道。」在真正會用人的領導者眼裡，沒有廢人，都是有用的人才，能造原子彈的是人才，做好煙火爆竹的也是人才。如同真正的武功高手一樣，不需名貴寶劍，摘花飛葉也是兵器，關鍵在於如何運用。

一代明君唐太宗曾經說過：「名主之任人，如巧匠之製木。直者以為轅，曲者以為輪，長者以為棟梁，短者以為拱角，無曲直長短，各種所施，明主之任人由是也。智者取其謀，愚者取其力，勇者取其威，慎者取其慎，無智愚勇慎兼而用之，故良將無棄才，名主無棄士。」所以，高明的領導者用人，總是遵循「賢者居上，能者居中，庸者居下，智者居側」的原則，讓各色人等互補雙贏。

在一個團隊裡，高人職位用了低人，是不對的，會導致低人力不從心，疲於應付；高人屈居於低人之下，必須不服，無法實現組織的平穩運轉。另一方面，低人職位用了高人，會更錯，會導致大材小用，人才浪費，也讓其餘人才望而卻步，開啟了人才流失的管道。在一個團隊裡，低人做不了高人能做的工作，這個很好理解，但是，有時團隊裡的高人也不一定能做得了低人能做的工作。孔子馬逸的典故就說明了這個道理。

據《呂氏春秋》記載：孔子遊學時，走累了在路上休息。馬逃脫了束縛，吃了別人的莊稼，這塊莊稼的主人把孔子的馬給扣下了，說什麼也不讓走，要從此地走，留下買路財。沒辦法孔子就派以能言善辯著稱的子貢，去請求農民把馬還給孔子。子貢去了之後，什麼好話都說了，什麼道理都講了，什麼技巧都用了，但是，那農民還是不聽他的。這時，有個十分普通、孔子記不起名字的學生，主動請纓說：「請讓我去說服他。」他走過去對農民說：「你從未離家到東海之濱耕作，我也不曾到過西方來，但兩地的莊稼卻長得一個模樣，馬兒怎知那是你的莊稼不該偷吃呢？」那農民聽完很開心，笑呵呵地對他說：「說話就要這樣明白了當，不能像剛剛那個人那樣，雲裡霧裡讓人不解，什麼哲學的政治的，跟我有一毛錢的關係？」說完，就解開馬的韁繩還給了他，還邀請到他家裡喝碗茶，歇歇腳再走不遲。

這個典故就說明，殺雞用牛刀不一定有效，打蒼蠅用炮轟效果不一定比蒼蠅拍效果好。

案例：解密麥當勞人力資源管理模式：不用天才與花瓶

麥當勞，全球最有價值的品牌之一。麥當勞的人力資源管理有一套標準化的管理模式，這套管理模式具有鮮明的獨特性。

1. 不用「天才」和「花瓶」

麥當勞不用所謂的「天才」，因為「天才」是留不住的。在麥當勞裡取得成功的人，都得從零開始，腳踏實地工作，炸薯條、做漢堡，是在麥當勞走向成功的必經之路。這對那些不願從小事做起，躊躇滿志想要大展宏圖的年輕人來說，是難以接受的。

但是，他們必須懂得，麥當勞請的是最適合的人才，是願意努力工作的人，腳踏實地從頭做起才是在這一行業中成功的必要條件。在麥當勞餐廳，女服務員的長相也大多是普通的，既有年輕人，也有年紀大的人。

與其他公司不同，人才的多樣化是麥當勞的一大特點。麥當勞的員工不是來自一個管道，而是來自不同管道。麥當勞的人才組合是家庭式的，年紀大的可以把經驗告訴年紀輕的人，同時又可被年輕人的活力所帶動。因此，麥當勞請的人不一定都是大學生，而是什麼人都有。麥當勞不講究員工的外在形象，只在乎員工是否工作負責、待人熱情，讓顧客有賓至如歸的感覺，如果只是個中看不中用的花瓶，是不可能在麥當勞待下去的。

2. 沒有試用期

一般企業試用期要 3 個月，有的甚至 6 個月，但麥當勞 3 天就夠了。麥當勞徵人先由人力資源部門去面試，通過後再由各職能部門面試，適合則請來店裡工作 3 天，這 3 天也給薪水。麥當勞沒有試用期，但有長期的考核目標。考核，不是一定要讓你做什麼。

麥當勞有一個360度的評估制度，就是讓周圍的人都來評估某個員工：你的同事對你的感受怎麼樣？你的上司對你的感受怎麼樣？以此作為考核員工的一個重要標準。

3. 培訓模式標準化

麥當勞的員工培訓，也同樣有一套標準化管理模式，麥當勞的全部管理人員都要學習員工的基本工作流程。培訓從新員工加入麥當勞的第一天起開始，與有些企業選擇培訓班的做法不同，麥當勞的新員工直接走向工作職位。每名新員工都由一名老員工帶著，一對一地訓練，直到新員工能在本職位上獨立操作。尤其重要的是，身為一名麥當勞新員工，從進店伊始，就在日常的點滴工作中邊工作邊培訓，在工作和培訓合而為一中貫徹麥當勞QSCV黃金準則，QSCV分別是品質（Quality）、服務（Service）、清潔（Clean）和價值（Value）。這就是麥當勞培訓新員工的方式，在他們看來，邊學邊做比學後再做的效果更好，在工作、培訓一體化中將企業文化逐漸融入麥當勞每一位員工的日常行為中。

4. 晉升機會公平合理

在麥當勞，晉升對每個人都是公平合理的，適應快、能力強的人能迅速掌握各個階段的技術，從而更快地得到晉升。面試合格的人先要做4-6個月的見習經理，期間他們以普通員工的身分投入到餐廳的各個基層工作職位，如炸薯條、做漢堡等，並參加 BOC 課程（基本營運課程）培訓，經過考核的見習經理可以升遷為第二副理，負責餐廳的日常營運。之後還將參加 BMC（基本管理課程）和 IOC（中間管理課程）培訓，經過這些培訓後已能獨立承擔餐廳的訂貨、接待、訓練等部分管理工作。表現優異的第二副理在進行完 IOC 課程培訓之後，將接受培訓部和營運部的考核，考核透過後，將被升遷為第一副理，即餐廳經理的助手。

以後他們的培訓，全部由設在美國及海外的漢堡大學完成，漢堡大學都配備有先進的教學裝置及資深具有麥當勞管理知識的教授，並提供兩種課程的培訓，一種是基本操作講座課程；另一種是高級操作講習課程（AOC）。美國的芝加哥漢堡大學是對來自全世界的麥當勞餐廳經理和重要職員進行培訓的中心，另外，麥當勞還在香港等地建立了多所漢堡大學，負責各地重要職員培訓。一個有才華的年輕人升至餐廳經理後，麥當勞公司依然為其提供廣闊的發展空間。

經過下一階段的培訓，他們將成為總公司派駐其下屬企業的代表，成為「麥當勞公司的外交官」。其主要職責是往返於麥當勞公司與各下屬餐廳，溝通傳遞訊息。同時，營運經理還肩負著諸如組織培訓、提供建議之類的重要使命，成為總公司在這一地區的全權代表。

5. 培訓成為一種激勵

麥當勞的培訓理念是：培訓就是讓員工得到盡快發展。麥當勞的管理人員都要從基層員工做起，升到餐廳經理這一層，就該知道怎樣去培訓自己的團隊，從而對自己的團隊不斷進行打造。麥當勞公司的總經理每 3 個月要為部門經理做一次績效考核，考核之初，先給定工作目標，其中有兩條必須寫進目標中，那就是如何訓練你的下屬 —— 什麼課程在什麼時候完成，並且明確告訴部門經理，一定要培訓出能接替你的人，你才有機會升遷。

如果事先未培養出自己的接班人，那麼無論誰都不能提級晉升，這是麥當勞一項真正實用的原則。由於各個級別麥當勞的管理者，會在培訓自己的繼承人上花相當的智力和時間，麥當勞公司也因此成為一個發現和培養人才的大課堂，並使麥當勞在競爭中長盛不衰。

5. 用人之長，發揮人才的最大效能

「木桶理論」強調在如何彌補缺點上下工夫，才能做出更大的成績。但事實情況是，這種狀態是一種理想，把一個人的缺點變成優點幾乎是不可能的。「君子用人如器，各取所長」。高明的領導者往往擅長發現人才的長處和優點，用其所長，量體裁衣，給人才提供一個與其優勢相配的舞臺，

充分挖掘人才的潛能。

著名經濟學家有一個觀點：一個成功的企業多半是發揮了每個員工的長處。反之，一個失敗的企業是想糾正員工的缺點，和他們的錯誤抗爭。依此類推，同樣，每一個國家的成功也是發揮每一個百姓的長處，失敗的國家是想糾正百姓的毛病和每個人的私心抗爭。

一則佛教傳說也給我們闡述了這樣的道理：相傳很久以前，彌勒佛和韋馱並不在一個廟裡，而是分管不同的寺廟。彌勒佛熱情快樂、平易近人，其廟內進香者絡繹不絕，但他逍遙自在慣了，什麼都不在乎，丟三落四，疏於財務管理，導致寺廟經常入不敷出。而韋馱雖然財務管理嚴格，但威武嚴肅、不近人情，來其寺廟燒香的人越來越少，最後導致香火斷絕。佛祖檢查香火時，注意到了問題癥結所在，就安排他們兩個在同一個廟裡，並進行了合理分工：彌勒佛平和親近，讓其負責公關和行銷，笑迎八方來客；韋馱鐵面無私、錙銖必較，讓其負責財務，嚴格把關，量入為出。自此，廟裡香火大旺，管理有序，呈現出一派欣欣向榮的景象。

6. 活用人才的短處也是生產力，用好小人更藝術

在用人之長的同時，活用人的短處，更是領導者的本事。一些看似缺點的性格和人品，只要運用得當，也可以為

組織傳遞正能量，發揮積極的正作用。

清代有個將軍叫楊時齋，他用聾子當侍衛，避免被聽去軍機；讓啞巴傳遞密信，即使被抓，除了搜去密信，也洩露不了更多訊息；讓瘸子守護炮臺，可堅守陣地，輕易不會棄陣而逃；瞎子聽覺好，命他夜裡在敵營前埋伏，察聽敵軍動靜。

這就是「大匠無棄材」的道理。在企業裡，可以讓愛吹毛求疵的人去當品管，讓謹小慎微的人去做財務工作，讓杞人憂天的人去當職安人員，讓喜歡斤斤計較的人去做追債工作，讓愛道聽塗說、傳播小道消息的人去當聯絡員，讓性情急躁、爭強好勝的人去當攻堅啃硬的行動隊長。

用好君子是人品，用好小人是一種智慧和藝術。在一個多元的社會裡，只知敬仰君子，不懂籠絡小人，是很難有所作為的，寧願得罪十個君子，切莫得罪一個小人。另一方面，重用小人，而又缺少有效的制約，更是會為事業帶來災難性的後果。諸葛亮提出的「親賢臣，遠小人」的論斷之所以備受爭議，就是因為小人賊心不死，又天高皇帝遠，無人監督治理，則可能會帶來危機甚至災難。明槍易躲，暗箭難防。古往今來，一代霸主齊桓公等很多英雄人物南征北戰，戰無不勝，攻無不克，所向披靡，但最終卻栽在了一些不起眼的小人手中。

7. 信任是最大的支持，授權是信任的核心，培養好接班人是授權的終極目標

幾項主要的研究成果支持的結論：卓越領導者所採取的是建立信任關係的行動。普華永道會計師事務所（PwC）在對《金融時報》（*FT*）100 強公司的合作創新方面的研究指出，信任是「排名靠前的 20%的公司和排名墊底的 20%的公司之間的第一分辨器」。名列前茅的企業經營者能夠充分發揮信任的力量，激勵個人把策略目標變成現實成果。越感覺自己被別人信任，越能在創新方面做到更好。

實踐證明，信任人才，就是對人才最大的支持，是給予人才最好的福利。信任人才，讓人才以本性工作時，使之如魚得水，也最能發揮其潛能。

但事實上，信任往往成為團隊發展的瓶頸。美籍日裔學者福山在其具有影響的《信任》（*Trust: the social virtues and the creation of prosperity*）一書中剖析：華人企業之所以很難產生百年企業，之所以能產生世界級的個人財富但卻很難產生世界級的企業，原因是華人社會是個低信任度的社會。有些平庸的領導者，常陷於進退兩難的境地，既喜歡有能力的下屬，指望他們創造業績，又不敢給他們足夠的發展空間和權力，最後導致人才拂袖而去的局面。

信任的核心就是授權。所謂授權，就是由領導者授予直

接被領導者一定的權力，使其在領導的監督下，自主地對本職範圍內的工作進行決斷和處理，授權後，授權者對被授權者保持指揮和監督檢查權，被授權者負有完成任務與報告的責任。

授權意味著工作重心下移，更容易激發下屬的工作熱情，促進團隊的穩定發展。

就像一個物體的重心越低，它的穩定性也就越好，不倒翁的原理對解釋授權具有相通的啟示意義。

合理授權是領導者所必需具備的基本素養。「將在外，君命有所不受」，領導者的知識和精力都是有限的，只有給予下屬臨機處置問題的餘地和空間，才能適應瞬息萬變的環境變化。實踐證明，合理授權不但不會削弱領導者的權力和地位，還是一種令下屬「邊做邊學」的在職訓練，能夠使下屬創造出更科學、更出色的解決辦法，整個團隊的響應速度會顯著加快。

學會合理授權，要做好兩件事：一是需要確定有哪些權力可以「授」，也就是對授權進行界定，把該授的權力授下去，把該留的權力要抓緊。「事無鉅細皆決之」、「甩手當掌櫃」都不是科學的授權方式，導致組織要麼權力過分集中（產生獨裁）、要麼權力過分分散（各自為政），甚至權力關係混亂，都會影響團隊的整體效能。

二是需要確定授權給誰。不是所有的下屬都可能成為被授權人，擬授予的權力一定要與被授權人的職業道德、責任意識、膽識魄力、專業技能、合作精神、個性特點等諸多因素協調相配，被授權人必須具備相當的勝任力。

管理界有句行話：「有責無權活地獄。」在授權的過程中，要把職務、權力、責任、目標四位一體授給被授權人，切忌只授責，不授權。華盛頓大學商學院前院長維爾教授認為判斷是不是授權時，說：「當下級員工感到上司真心期望他們為完成所負使命而發揮主觀能動性，即便超越他們的正常職權範圍也無需顧忌，而且要是出了差錯，哪怕是嚴重的差錯，他也不會因為採取主動而受到專斷的責罰，那麼這個企業就存在著授權。」

中山國國相樂池率一百乘車馬出使趙國，挑選門客中有智慧才能的人做領隊，中途車馬散亂了。樂池說：「我覺得你聰明，就派你做領隊，現在中途佇列卻散亂了，為什麼？」門客聽他這麼說話，就要辭別，說：「你不懂管理原則。有威勢足以制服人，有利益足以鼓勵人，所以能管理好。現在我卻是您年少位卑的門客。由年少的管理年長的，由位卑的管理位尊的，又不能掌握賞罰的權柄來制約他們，這才導致了佇列散亂。假如讓我有權，對表現好的我能封為卿相，表現差的我能砍了他們腦袋，哪有管理不好的道理呢？」

門客的這番話耐人尋味。身為領導，不僅要讓手下人工作，也要賦予他們權力，這叫做有職有權，職權相配，否則就是假授權。

天有不測風雲，人有旦夕禍福。領導者上任之初，就應考慮接班人的培養問題，還要扶上馬，送一程，以隨時接替自己不在時的職責，確保「離了誰，組織都能照常運轉」。有一位美國總統曾講過一句幽默的話：「在美國想當總統，隨時要有兩個心理準備，第一隨時準備被暗殺，第二隨時成被告。」如果第一種情況發生的話，接班人副總統馬上就會就位，宣誓就職，以確保國家在危機中實現平穩過渡。

很多著名全球跨國公司及國內一流企業，都有明確規定，想要升遷，必須為自己原來的職位找到至少兩名優秀的接替者。一個被當成典範的例子：2004 年，麥當勞的 CEO 突發心臟病去世，立刻有接班人平穩繼任，而在接班人繼任後不久又被診斷為癌症後，公司的接班人計畫同樣讓一切趨於平穩過渡。

案例：西點軍校的一道測試題

美國一家著名企業中國代表處欲應徵一名華北區域經理，年薪 300 萬元，外加年終獎金提成，而且解決住房、配專車……如此優厚的待遇，自然吸引了一大批應徵者。經過層層考核，最終有三名應徵者進入了最後的測試階段。這三個人各方面條件都不相上下，但只有一個人會被最終留下。

測試是統一進行的，代表處人力資源部的經理發給每個人一張紙，上面寫著一道測試題，是美國西點軍校在學員畢業時對其進行測試的試題，內容是這樣的：

「你現在的身分，是一個部隊裡手下有一個班的士兵的排長，部隊最近要在操場上集會，命令你明天上午十點前在操場上立起一根旗杆，旗杆、旗、繩子、滑輪、鎬頭等工具都為你準備好了，請你回答你將怎麼樣完成任務。」

三個人接過紙後，思索了一下，便開始認真地解答。過了半個小時，都答完交捲了，人力資源部經理仔細地看了一遍每個人的試卷，然後宣布：「A 被錄用了。」

另外兩名落選者有些不解，想知道他們為什麼落選，A 為什麼勝出，他的答案究竟有什麼不同……

人力資源部經理先出示了兩名落選者的答案，這兩份答案如出一轍，都是不厭其煩地逐一列出了第一步應該怎麼辦、第二步應該怎麼辦……是先用鐵鍬挖坑還是先把旗綁到旗杆上……再看張鶴江的答案，上面只有一句話：「我把班長叫來，吩咐他帶領全班在十點之前把旗杆立起來。」

測試工具：你是否授權不足

下面共有 20 道題目，請據實回答。

1. 當你不在場的時候，你的部屬是否只繼續推動例行性工作？
2. 你是否感到例行性工作太占用時間，以致無法空出時間做計劃？
3. 一遭遇緊急事件，你掌管的部門是否即刻出現手足無措的現象？
4. 你是否常常為細節問題而操心？
5. 你的部屬是否經常要等到你示意「開動」才敢著手工作？
6. 你的部屬是否無意提供意見給你？
7. 你是否常常抱怨工作無法按原定計畫進行？
8. 你的部屬是否只機械式地執行你的命令，而欠缺工作熱忱？
9. 你是否常常需要將公事帶回家中處理？
10. 你的工作時間是否經常長過你的部屬的工作時間？
11. 你是否經常感到沒時間進修、娛樂或休假？
12. 你是否常常受到部屬的「請示機宜」所干擾？
13. 你是否因收聽過多的電話而感到厭煩不已？
14. 你是否常常感到無法在限期內完成工作？

15. 你是否認為一位獲得高薪的管理者理應忙得團團轉才像話（才配取得高薪）？
16. 你是否不讓部屬熟悉業務上的機密，以免被他們取代你的職位？
17. 你是否覺得非嚴密地領導部屬的工作不可？
18. 你是否感到有必要裝置第二部電話？
19. 你是否花費一部分時間去料理屬下能自行料理的事情？
20. 對你來說，加班是不是一種家常便飯？

測驗結果評鑑：

1. 假如你對以上 20 道題的答案都是「否」，則表示你已能做到授權的要求。
2. 假如你的答案中具有 1—5 個「是」，則表示你授權不足，但情況並不嚴重。
3. 假如你的答案中具有 6—8 個「是」，則表示你授權不足的程度相當嚴重。
4. 假如你的答案中具有 9 個以上的「是」，則表示你授權不足的程度極其嚴重，換句話說，你極可能是一位不折不扣的「事必躬親者」。

8. 整合資源，實現借力發展

一個人的能量有多大，不在於他擁有多少資源，關鍵看他能整合多少資源。

阿基米德說過：「給我一個支點，我就能撬起整個地球。」政治家沒有本錢，卻可以藉助一個政策，動用全國資源，甚至影響全球資源流向；金融大鱷運用少量資本，就可以藉助金融體系，興風作浪，支配大量別人的資產。

「好風憑藉力，送我上青雲。」一個優秀的領導者不僅要用好單位內部的人，還要善於到組織外部去尋求資源，實現借力發展。孫悟空那麼神通廣大，無所不能，但是，在西天取經的過程中，與妖魔鬼怪鬥法時，還大都敗下陣來，這時，孫悟空就上天、入地、下海去請神仙搬救兵，來彌補自身能力的不足。正常人沒有孫悟空般的三頭六臂，更是需要藉助外部的資源。

一是要借用社會資源對非核心業務進行外包，集中精力做好最重要的事。當今社會分工越來越細，任何一個企業都難以承擔一個產業鏈所有環節的工作，將自己不熟悉的業務領域外包給社會，自己集中精力做好自己的主營業務，實現「讓專業的人做專業的事」，有助於做大整個產業的規模。

二是處理好與政府部門的關係。「只和政府談戀愛，但絕不結婚」，不管企業發展多快，也絕不與政府做生意。

四、

容才篇 —— 宰相肚裡能撐船

曼德拉因為領導反對白人種族隔離的政策而入獄，白人統治者把他在荒涼的大西洋小島羅本島上關了 27 年。當時，曼德拉年事已高，但白人統治者依然像對待年輕犯人一樣對他進行殘酷的虐待。

羅本島上布滿了岩石，到處是海豹、蛇和其他動物。曼德拉被關在總集中營的一個「鋅皮房」，白天打石頭，將採石場上的大石塊碎成石料。他有時要到冰冷的海水裡撈海帶，有時做採石灰的工作：每天早晨排隊到採石場，然後被解開腳鐐，在一個很大的石灰場裡，用尖鎬和鐵鍬挖石灰石。因為曼德拉是要犯，看管他的看守就有 3 人，他們對他並不友好，總是尋找各種理由虐待他。

1991 年曼德拉出獄當選總統，他在就職典禮上的一個舉動震驚了整個世界。

總統就職儀式開始以後，曼德拉起身致辭，歡迎來賓。他依次介紹了來自世界各地的政要，然後他說，能接待這麼多尊貴的客人，他深感榮幸，但他最高興的是，當初在羅本島監獄看守他的 3 名獄警也能到場。隨即他邀請他們起身，並把他們介紹給大家。

曼德拉的博大胸襟和寬容精神，令那些殘酷虐待了他 27 年的白人汗顏，也讓所有到場的人肅然起敬。看著年邁的曼德拉緩緩站起來，恭敬地向 3 個曾關押他的看守致敬，在場的所有來賓以至整個世界，都靜下來了。

後來，曼德拉向朋友們解釋，自己年輕時性子很急，脾氣暴躁，正是獄中生活使他學會了控制情緒，因此才活了下來。牢獄歲月給了他時間與激勵，也使他學會透過自己遭遇的痛苦與磨難，訓練了極強的毅力。

獲釋當天，他的心情很平靜。他說：「當我走出囚室，邁過通往自由的監獄大門時，我已經清楚，自己若不能把悲痛與怨恨留在身後，那麼我其實仍在獄中。」

生活中我們總會遇到很多煩惱和不順心之事。我們的心中充滿了痛苦，總是怨天尤人，抱怨不平，似乎總有那麼多的不滿和不如意，那是因為我們的心中缺少像曼德拉一樣的寬容大度和感恩之情。

對待這個世界，我們應存愛於人，存愛於心，而不要始終抱有消極的思想。

唯有把怨恨留在身後，輕裝上陣，人生的旅程才會春光明媚，晴空萬里。

最近流行一個詞叫格局。格局大的人心中是沒有敵人的，心中無敵，將會無敵於天下。

1. 要有容才之量，不「武大郎開店」

「海納百川，有容乃大」。心胸有多寬廣，就能做出多大的事業來。卓越的領導者必須要有男人的情懷，豁達的胸襟，做到宰相肚裡能撐船，才能做出驚天動地的事業來。

眼睛裡揉沙子，帶著沙子，流著眼淚去奮鬥，是對領導者容才能力的一個挑戰。

敵人比朋友的力量更強大，他能鍛鍊你的意志，讓你越挫越勇，不斷地更上一層樓。

有著買股票經驗的投資者都知道，在牛市的征途中，股票的回撥並不可怕，反而有利於持續牛市的推進，「調調更健康」，其中蘊藏的道理也具有相通性。對政治領導人來說，胸襟比聰明更重要。

清朝康熙皇帝在位執政 60 年之際，特舉行「千叟宴」以示慶賀。宴會上，康熙敬了三杯酒：第一杯敬孝莊太皇太后，感謝孝莊輔佐他登上皇位，一統江山；第二杯敬眾位大臣及天下萬民，感謝眾臣齊心協力盡忠朝廷，萬民俯首農桑，天下昌盛；當康熙端起第三杯酒時說：「這杯酒敬給我的敵人，吳三桂、鄭經、噶爾丹，還有鰲拜。」眾大臣目瞪口呆，康熙接著說：「是他們逼著朕建立了豐功偉業，沒有他們，就沒有今天的朕，我感謝他們。」

英國著名歷史學家諾斯古德·帕金森（Cyril Northcote Parkinson）透過長期調查研究，寫出一本名叫《帕金森定律》（*Parkinson's law*）的書。他在書中闡述了機構人員膨脹的原因及後果：一個不稱職的官員，可能有三條出路，第一是申請退職，把位子讓給能幹的人；第二是讓一位能幹的人來協助自己工作；第三是任用兩個水準比自己更低的人當助手。這第一條路是萬萬走不得的，因為那樣會喪失許多權力；第二條路也不能走，因為那個能幹的人會成為自己的對手，甚至會取而代之；顯然只有第三條路最適宜。於是，兩個平庸的助手分擔了他的工作，他自己則高高在上發號施令，他們不會對自己的權力構成威脅。兩個助手既然無能，他們就上行下效，再為自己找兩個更加無能的助手。如此類推，就形成了一個機構臃腫、人浮於事、相互賴皮、效率低下的領導體系。

卓越的領導者要心胸開闊，從來不把注意力放在跟下屬比較某一項專門的技能上，而是盡心盡力去尋找在某個專業領域比自己強的人，大膽啟用，長江後浪推前浪，一代更比一代強。劉備從來不與諸葛亮比智慧，唐僧從來不與孫悟空比武功。否則「武大郎開店」，總擔心「教會徒弟，餓死師父」，只用比自己更矮的、能力更差、只會聽話的，就會經常陷入為下屬「救火」而無法脫身的窘境，進而會成為前進晉升的絆腳石。很多著名全球跨國公司及國內一流企業，都有明確規定，想要升遷，必須為自己原來的職位找到至少兩名優秀的接替者。

美國鋼鐵大王卡內基（Dale Carnegie）的碑文耐人尋味，令人深思，「安息在此的是一個知道重用比自己強的人來為他工作的人。」李嘉誠說過：「我是雜牌軍總司令，我拿機槍比不上機槍手，發射砲彈比不上炮手，但是總司令懂得指揮就行了。」

案例：沃爾瑪 —— 習慣於任用最優秀的人

李．史考特（Lee Scott）是全球連鎖零售業大廠沃爾瑪的董事會執行委員會主席，前沃爾瑪全球總裁兼 CEO。他認為，自己之所以能取得今天的卓越成就，就是因為他始終堅持任用比自己能力強的人。

1995 年，李．史考特延攬麥克．杜克（Michael Terry Duke），讓其負責沃爾瑪的分店和縝密的物流體系。麥克．杜克曾在聯合百貨（Federated Department Stores）和五月百貨（May Department Stores）擁有 23 年的零售業經驗。

任命麥克．杜克之後不久，正在法國出差的李．史考特接到一紙調令，公司任命他擔任業務部總經理。他的老闆告訴他，因為他能找到比自己更優秀的人讓物流部門有條不紊地執行，所以他可以分身負責更重要的銷售工作，而且擁有試錯的空間。4 年之後，李．史考特就被任命為 CEO。

任用比自己更強的人，這是沃爾瑪的傳統。1977 年，大衛．格拉斯（David Glass）看中李．史考特，邀請他去沃爾瑪，遭到拒絕。2 年後，大衛．格拉斯再次向李．史考特發出邀請，終於打動了李．史考特，大衛．格拉斯後來成為沃爾瑪總裁。最讓人印象深刻的是，當年沃爾瑪創始人山姆．沃爾頓為爭取大衛．格拉斯，前後花費了 12 年時間。

如今，李．史考特退居幕後，麥克．杜克出任沃爾瑪全球總裁，李．史考特則擔任他的顧問。在沃爾瑪，每一個管理者在任用比自己更強的人之後，自己都取得了更高遠的成就，而沃爾瑪就是以這樣的人才哲學，不斷取得讓對手敬畏的競爭優勢。

2. 要容才之過，不求全責備

常言道：「身邊無偉人，枕邊無美女。」世界上沒有完美的人性，走近了去看，每個人都有這樣那樣的缺點，一些天才式人物往往會有一些臭脾氣，性格放蕩不羈，毛病有過之而無不及。

在第二次世界大戰初期，英國人最初不敢任用邱吉爾（Winston Churchill），因為邱吉爾是有名的「流氓作風」，鬧事專家，但是最後抵抗希特勒（Adolf Hitler），還是靠邱吉爾。

20 世紀最偉大的科學家愛因斯坦（Albert Einstein），是一個高尚的人，一個有道德的人，一個純粹的人，一個有益於人民的人，但不是「一個脫離了低階趣味的人」。2006 年，以色列希伯來大學公開了愛因斯坦的 1,300 餘封私人信件，從信件中人們發現愛因斯坦的感情經歷並不枯燥乏味，而且充滿了浪漫色彩 —— 他先後有過 11 位情人。

「水至清則無魚，人至察則無徒。」卓越領導者對人才要有海納百川般的胸懷，在不違背大的原則和基本底線的情況下，包容小的問題和缺點，不求全責備、吹毛求疵。

不少一流企業都允許員工試錯，甚至鼓勵員工在工作中犯錯。這些企業認為，工作需要創新，沒有創新的工作是乏味呆板的，是沒有發展前途的。

而創新正是來自試錯，來自於不斷挑戰和嘗試新的解決方法。一項新工作，如果你不試，就永遠不會知道試的結果，也就會失去創新發展的原動力。而在試錯中所收穫的，可能是其他方式所不可能得到的感悟與體驗。

有「經營之神」美譽的松下幸之助就是容許甚至鼓勵

員工試錯的老闆，他曾經說過：「不會犯錯的員工不是好員工。」一個老闆只有勇於承擔員工試錯的後果，鼓勵員工積極探索，大膽試錯，在試錯中成長，才能培養出團隊發展的中堅力量。

案例：3M 允許試錯帶來的發明

誕生於 1902 年的 3M，不可謂不是一家老企業，但是這家老牌企業每天能產生 1.4 項專利發明，至今仍然是舉世知名的創新企業，原因何在？

其中很重要的一點，就是為了鼓勵創新，3M 允許員工犯錯。為此，3M 推出了「私釀酒法則」，其內容就是：員工可以依照自己的喜好，以公司既有技術為根本，嘗試加上新構想，開發出新商品，最後再由公司評估商品化的可行性。在這種鼓勵下，員工們並不以犯錯或者失敗為恥，相反，他們在工作中，充滿了挑戰精神。

Silver 是 3M 的一位員工，他想研發一種超強力黏劑，但是努力了多年，卻只得到了一個失敗的產品 —— 一種一點也不黏的黏合劑。這看起來是一項失敗的嘗試，但是 3M 公司卻很坦然地接受了。直到 4 年後，Silver 的同事 Fry 在教堂唱詩時，覺得需要一種可以黏在書上，又不會破壞紙張的書籤。他在 3M 的庫裡找到了 Silver 的發明，在兩人的共同努力下，原來失敗的黏合劑成為了後來的便利貼 —— 一項讓3M 賺大錢的商品。

所以，即使在職場中，也需要像 Silver 一樣保持著允許自己試錯的心態，說不定，這將是一項重大創新的起點。

3. 要容才之仇，不計個人恩怨

領導者能夠容才之仇，以事業為重、不小肚雞腸、不計個人恩怨，可以為化干戈為玉帛，是一種高尚的品德，是一種博大的胸懷和格局，也是一個卓越領導者應該具有的英雄本色。

魏徵在任太子洗馬時，很受太子李建成的器重，曾勸李建成殺掉秦王李世民，後來李世民發動「玄武門兵變」，當了皇帝，不僅不計前嫌，還重用魏徵，留下了一段君臣佳話。魏徵死後，太宗如喪考妣，慟哭長嘆，說出了那句千古名言：「以銅為鏡，可以正衣冠；以古為鏡，可以知興替；以人為鏡，可以明得失。」

在劉邦與項羽楚漢相爭的過程中，劉邦的隊伍之所以越來越大，項羽的地盤之所以越來越小，其中一個十分重要的原因是，劉邦胸懷寬廣，能夠容才之仇。

在他的軍隊裡，韓信、陳平等一批人才原來都是項羽的下屬，因為不受重用或者混不下去了而投靠劉邦，劉邦敞開大門，不計前嫌，一視同仁表示歡迎，並給予重用。

劉邦平定了天下之後，有功之臣開始爭功要賞，稍不留神就可能會天下大亂。

於是劉邦請教謀士張良應該如何處理。張良就獻上了一計，叫做「封一人而安天下」，他說：「主公要先封賞雍齒，這個人是主公您最恨的人，天下人都知道，他曾經是您的部下，後來變節投降了項羽，並給您造成很大的損失。你封了雍齒之後，大家就會看到，連您最恨的人都能得到封賞，更何況別人呢？」劉邦採納了張良的計謀，果然平息了爭吵，天下太平。

案例：行銷幹部應該如何運用？

何為亮劍？「亮劍精神」，也就是「明知是個死，也要寶劍出鞘」打拚的精神。

在血雨腥風、天昏地暗、刺刀見紅、短兵相接的近乎慘烈的市場競爭中，我們需要的就是這種「亮劍精神」。商戰的每一時刻、每一個回合都可能造成成功和失敗，真正的鐵血戰士正如魯迅在〈記念劉和珍君〉所說「勇於面對慘淡的人生，勇於正視淋漓的鮮血。」而在複雜的市場形勢下，在強大的對手面前，成功的行銷人就應該具有不屈不撓、不怕失敗、勇於亮劍、善於亮劍的膽略商數和愈挫愈勇的心理素養。

1. 識人選人的「長」與「短」

首先，身為老闆，都想找到具有鷹的敏銳洞察力、狼的勇猛攻擊力、豹的速度執行力、雁的團隊合作力這樣的行銷幹部和主管。現實是，完美人才，子虛烏有。世界上只有上帝是完美的。

其次，用人貴在組合。一代明君唐太宗說：「名主之任人，如巧匠之製木。直者以為轅，曲者以為輪，長者以為棟梁，短者以為拱角，無曲直長短，各種所施，明主之任人由是也。智者取其謀，愚者取其力，勇者取其威，慎者取其慎，無智愚勇慎兼而用之，故良將無棄才，名主無棄士。」所以，流行的說法是：賢者居上，能者居中，庸者居下，智者居側。通俗的說法是：是猴子給棵棗樹抱著；是老虎給個山頭守著；是條龍給條江河翻騰！企業實際上是一個佛仙神鬼大組合的組織。

清代楊時齋將軍：讓聾子當勤務員；啞巴送密信；瘸子守炮臺；瞎子伏陣前也就是這個道理。

最後，用個性特點取代「缺點」、「優點」。我們考查一個人習慣把他分成「優點」和「缺點」兩部分，其實這是錯誤和過時的觀念和思維，正確的做法是用「個性特點」這個詞取代傳統的「優點」、「缺點」二分法。因為優點和缺點不是絕對的，它們在不同的時空條件下互相轉化。一個人的長處往往同時也是他的短處，反之亦然。

2. 善用人短，長短搭配

平常所說的短處在特定條件下會變成長處。比如，愛吹毛求疵的人——產品品質管理員，謹小慎微的人——安全生產監督員，斤斤計較的人——財務管理，愛道聽塗說的人——聯絡員，婆婆媽媽愛嘮叨的人——職安人員，頭腦呆板的人——考勤，爭強好勝的人——行動隊長，牆頭草、「有奶便是娘」的人——討債，愛灑淚珠子的人——對付催債。

3. 看準長處，容忍不足

金無足赤，領導者對人才不可苛求完美，任何人都難免有些小毛病，只要無傷大雅，何必過分計較呢？最重要的是發現他最大的優點，能夠為企業帶來怎樣的利益。比如，美國有個著名的發明家洛特納，雖然酗酒成性，但是福特公司還是誠懇邀約其去福特公司工作，最後，此人為福特公司的發展立下了汗馬功勞。

現代化管理學主張對人實行功能分析：「能」，是指一個人能力的強弱，長處短處的綜合；「功」，是指這些能力是否可轉化為工作成果。結果說明：寧可使用有缺點的能人，也不用沒有缺點的平庸的「完人」。

五、

留才篇 —— 千方百計留住人才

識才、選才、用才之後，把人才留下來，長期為我所用，才能保持連續性，實現基業常青、持續發展。人才就如同一條理性的河流，哪裡是谷地，就向哪裡匯聚。

從原始社會開始，人類所有組織的產生，其最終使命都是為了使組織成員「過上好日子」。從這個意義上說，領導者留才的基本思路是讓大家「過上好日子」。

1. 用待遇留才，讓人才更體面地生活

司馬遷有句名言：「天下熙熙，皆為利來；天下攘攘，皆為利往。」意思是說，天下人為了利益蜂擁而至，也為了利益而各奔東西。

韓非子說：「輿人成輿，則欲人之富貴；匠人成棺，則欲人之夭死也。非輿人仁而匠人賊也。人不貴，則輿不賣；人不死，則棺不賣，情非憎人也，利在人之死也。」意思是說，製造馬車的工匠做好了馬車，就希望有錢的人越多越

好；做棺材的工匠做好了棺材，就希望死的人越多越好，越早越好。但是，這並不能說明做馬車的人道德多麼高尚，做棺材的人品德多麼低劣，而是「屁股決定腦袋」，利益決定了他們截然不同的兩種行為。

「沒有永遠的朋友，只有永遠的利益。」物質利益對人永遠是一種巨大的誘惑。

馬克思在《資本論》中有一段十分形象的描述：「一有適當的利潤，資本就會膽壯起來。只要有10%的利潤，它就會到處被人使用；有20%，就會活躍起來；有50%，就會引起積極的冒險；有100%，就會使人不顧一切法律；有300%，就會使人不怕犯罪，甚至不怕絞首的危險。」

人才首先是人，日常生活離不開衣食住行，需要必要的物質基礎，也希望能夠不斷改善生活條件，提高生活品質，希望生活能過得更好一點，生活得更體面一些。從某種意義上講，領導者要把對下屬的待遇看成是團隊的收入，而不是團隊的成本支出。給人才提供具有競爭力的薪酬，既是滿足人才基本物質需求的需要，也是對人才價值在物質層面的認可，通常是留住人才最直接、最有效的辦法。

一個領導者不注重團隊成員物質利益，開口閉口只談無私奉獻，「不食人間煙火」，在現實生活中是十分蒼白的。

曾擔任過香港特別行政區首任長官的董建華是個十分懂

得用待遇激勵員工的企業家。1986 年，國際市場出現週期性變化，航運市場處於谷底，而東方海外公司由於在市場高潮時期造了大量高價船，此時造成經營的巨大困難。面對企業困難，董先生做出的第一個決定是，按照慣例為員工加薪。這一舉動，感動了員工，也為企業保留住了人才。企業處於順境時倒不見得非要加薪，但企業困難時，是萬萬不要減薪的。

2. 用事業留才，讓人才得到培養和發展

美國的行為科學家弗雷德里克·赫茨伯格（Frederick Irving Herzberg）提出的雙因素理論（又稱激勵保健理論）認為，引起人們工作動機的因素主要有兩個：一是保健因素，二是激勵因素。只有激勵因素才能夠帶給人們滿意感，而保健因素只能消除人們的不滿，但不會帶來滿意感。用待遇留才就屬於保健因素，不會帶來滿意感，只會降低不滿。

用事業留才就屬於激勵因素，可以為人才帶來滿意感，激發他們的鬥志和工作熱情。用事業留才，主要包括以下三個方面的內容。

一是委以重任，給人才一片飛翔的天空。馬斯洛需求層次理論告訴我們，人的需求按照自低到高，依次為生理需求、安全需求、愛與歸屬需求、尊重需求和自我實現需求。

「栽下梧桐樹，引得鳳凰來」。人是社會動物，都想有所歸屬，做一些有意義的事情，讓自己的生活多一些色彩。從這個意義上講，留才應當是給人才一個施展才能的廣闊舞臺、一片自由馳騁的天空。

領導者用事業留才，要委之以重任，給人才分配具有挑戰性、艱鉅性和光榮性的任務，為其提供出頭露臉、增加才幹、提升自我價值的發展機會，點燃他們的無限創造力和熱情。一位日本企業家說，如果你給下屬 80%的工作，他的能力會退步；如果你給下屬 100%的工作，他的能力會停步不前；但如果你給下屬 120%的工作，會使他的能力有突破性的進展。

領導者用事業留才，要讓人才愉快地工作。啟蒙思想家盧梭（Jean-Jacques Rousseau）有句名言：「人生而自由，但又無往不在枷瑣之中。」擺脫枷瑣、解放自我、獲得自由，是人生的永恆追求。領導者對人才可以採用彈性工作制，給他們一份自由和空間，甚至可以「不求所有，但求所用」。

二是做好教練，幫助人才發展。管子說：「一年之計，莫如樹穀；十年之計，莫如樹木；終身之計，莫如樹人。」卓越的領導者是教練而不是裁判，他會親自做好培訓指導，「傳道、授業、解惑」，宣傳理念，教給方法，「先示範，再看著做」，解疑釋惑，讓人才工作熱情高漲，有所作為，有所發展，給他們提供一個「從士兵到將軍」的晉升管道，幫助他們實現自己的夢想和理想，進而改善團隊的績效。幫助下屬發展是領導者贈給下屬最好的禮物，是最大的關愛。不會培養人才的領導，就好比是一隻公雞，只會自己做，做得再苦再累，做得再好，充其量只能是一名模範勞工或者專家，而不能稱之為優秀的領導者。最讓傑克．威爾許感到自豪的是，世界 500 強的前十幾家企業中有半數以上的 CEO 或總經理都是從 GE 出去的。

數據顯示，不關心並且不能幫助下屬發展的領導者，極有可能失敗。有些領導者忽略團員成員的發展，而把重心放在自己的職業生涯和自身成功上，與下屬爭功奪利，甚至會「剽竊」整個團隊的功勞，這將會導致團隊成員缺乏敬業精神，工作不上心，甚至會導致人才流失，另謀高處發展。實踐證明，幫助下屬成功，領導者自己才能成功。

當前世界從 IT 正在走向 DT（Data Technology）。IT 是以我為主，方便我管理；DT 是以別人為主，強化別人，支持別人。DT 思想是只有別人成功你才會成功，這是一個巨大的思想的轉變，由這個思想轉變產生技術的轉變，技術的轉型。

培訓是給予下屬最好的福利。世界上著名的跨國公司都有完整的員工培訓計畫、員工培訓體系、員工培訓方式，並在培訓上十分捨得投資。麥當勞有2萬餘家分店，每個店面經理都要經過18個月的嚴格培訓。IBM公司每年員工培訓預算超過20億美元，其在設立培訓學校的同時，還不斷加強線上大學的建設，完善員工自主培訓系統。美國通用電器公司每年培訓預算不低於10億美元，接受培訓的員工不少於1萬名。傑克·威爾許15年來，每兩個禮拜都會前往GE的克勞頓領導力中心，主動參與到各級經理人的發展專案當中，他很驕傲地說：「我沒錯過一次研討會。」

前英特爾（Intel）的執行長葛洛夫（Andrew Stephen Grove）多年來固定參加公司的主管計畫。當他被問及如何有時間參加這樣的活動時，他反問對方：「我有可能在別的地方對這些決定公司成功的人產生更大的影響力嗎？」當公司最資深的高階管理人員非常認真看待人才培訓這件事時，這會在組織內傳達出非常強烈的訊息。

三是用夢想留才，讓人才為明天而戰。如果你的單位目前還處於成長期，既不能為人才提供一個富有競爭力的薪水，也不能為人才提供一個足夠大的舞臺，讓人才發展。這時，卓越的領導者就會編織夢想，描繪一個非常誘人的願景，良好的職業生涯規劃，前景廣闊，大有可為。股票選擇權激勵就是帶有這種性質的留才方式。

3. 用感情留才，留住人才的心

為利而為，熙熙攘攘；為情而為，窮盡其方；為利和情而為，效命沙場。留住人才，光有待遇和事業是不夠的，同時，資源是有限的，而欲壑難填，恩澤也難以普照。留才的「上上策」是感情留才，留住人才的心。

領導者以信任和尊重為紐帶，與人才之間建立的感情，力量是巨大的，能夠實現「潤物細無聲」，可以有效增強人才對組織的歸屬感，提升團隊的凝聚力和向心力。尤其在文化的背景下，往往是做官先做人，做生意先交朋友，先認可人，再認可事，常對事情進行主觀判斷，領導者進行感情投資，關心團隊成員的衣食住行，塑造一種家的親情氛圍，更顯得尤為重要。「家和萬事興」就是這個道理。唐僧在帶領團隊西天取經的過程中，也採用了情感管理的方式，起初，孫悟空並不買唐僧的帳，老覺得這個師傅肉眼凡胎、不識好歹，但是在歷經艱辛之後，師傅的關愛、善良和執著最終感化了孫悟空，讓孫悟空死心塌地保護唐僧一路西行。

據《史記》記載，吳起做將軍時，和最下層的士兵同衣同食。睡覺時不鋪蓆子，行軍時不騎馬坐車，親自背乾糧，和士兵共擔勞苦。野營在外時，吳起身為一個大將軍，僅僅以樹枝遮蓋，微微抵擋一下冰霜雨露，從不搞特殊。有一次，一個士兵身上長了個膿瘡，為了不讓士兵的傷口化膿而發炎，身為一軍統帥的吳起，竟然親自用嘴為士兵吸吮膿血，全軍上下無不感動。

正是靠這種感情維繫的親如父子的關係，凝聚了無比強大的戰鬥力，也鑄就了吳起千古名將的歷史偉業。這位被吳起親自吸膿的戰士，在康復後的戰鬥中，忠心耿耿，特別賣力，奮勇衝鋒在前，最後喋血沙場。

案例：向羅斯福總統學習關愛

狄奧多·羅斯福（Theodore Roosevelt）總統的好人緣是世所公認的。他受到人們異常愛戴的祕訣之一，就是對他人的關心。他的僕人詹姆斯·阿默森曾寫過一本關於他的書，名叫《僕人眼中的狄奧多·羅斯福總統》。在這本書中，阿默森寫到了這樣一件事：

一天，羅斯福總統正在書房看書，在一旁擦洗桌子的阿默森的妻子突然打趣地問道：「總統先生，您能告訴我鶴鶉到底是什麼樣子的嗎？」總統放下手中的書，耐心地跟她做了詳細描述。沒過多久，我屋裡的電話響了。我妻子去接電話，原來是總統打來的。

「阿默森夫人，你趕快把頭伸出窗外！」羅斯福急切地說，「此時在我的書房外面，也就是在你家屋外的草地上，正有一對鶴鶉停在那裡休息呢！」

阿默森的妻子興奮地叫起來。她看見草坪上，兩隻赤褐色的鶴鶉正在啄食昆蟲。阿默森萬萬沒有想到，此時總統也正站在窗前，與他們一起靜靜地觀察著鶴鶉。

原來，總統為了讓他的妻子更深入地了解鶴鶉，特地打來電話提醒。

像這樣許許多多的小事情，無不展現出他關心別人的特點。每當他經過阿默森夫婦的房屋的時候，不管他是否看見了夫婦二人，總是會熱情而溫和地和他們打招呼。身為僕人，怎麼會不喜歡這樣的人呢？誰會不喜歡他呢？

有一天，卸任的羅斯福去白宮拜訪塔虎脫總統（William Howard Taft），恰好塔虎脫總統和夫人出去了。於是，他就去看白官原來的員工，甚至連做雜務的女僕他都還記得名字，和他們打招呼問好。

當他看見廚房的女僕愛麗絲時，就問她是否還在做玉米麵包。愛麗絲告訴他說，她有時候做給僕人們吃，但樓上的人已經不吃了。

「是他們沒有口福，」羅斯福大聲說道，「等我見到總統時，我一定會告訴他的。」

愛麗絲拿了一塊玉米麵包放在托盤上，遞給了他。他邊吃邊走著，一直朝辦公室走去。途中，他遇到了一批園丁和僕人，便向他們打招呼問好。他對待每個人，正如他從前所習慣的那樣。大家都很興奮，彼此低聲談論這件事。

一個名叫艾克．胡佛的僕人，眼中含淚地說：「這是我們最近兩年來最快樂的日子。我們認為這是金錢都買不到的。」

阿默森在書中寫道：「身為日理萬機的總統，尚能記住與僕人交往的小事，且把它們時刻放在心上，我們又怎能不心甘情願地為他效勞呢？」

案例：沃爾瑪的人性化管理

沃爾瑪的成功有很多理由，其管理的人性化是成功的助推力。

1. 理念和行動上：客戶第一、員工第二、上級第三

沃爾瑪是全球最大的私人雇主，但從不把員工當作「雇員」來看待，而是視為「合夥人」和「同事」。上級和員工及顧客之間呈倒金字塔的關係，顧客放在首位，員工居中，上級則置於底層。認為「接觸顧客的是第一線的員工，而不是坐在辦公室裡的官僚」。員工直接與顧客對接，其工作品質至關重要。上級就是給予員工足夠的指導、關心和支援，讓員工更好地服務顧客。員工包括總裁，佩帶的工牌都註明「我們的同事創造非凡」，下屬對上司也直呼其名，營造上下平等、隨意親切的氣氛，有的只是分工不同。

領導者要在待人接物所有方面都注重人的因素，必須了解員工的為人及其家庭，還有他們的困難和希望，尊重和讚賞他們，表現出對他們的關心，這樣才能幫助他們成長和發展。《華爾街日報》（*The Wall Street Journal*）曾報導，山姆·沃爾頓有一次在凌晨兩點半結束工作後，途經公司的一個發貨中心時和一些剛從裝卸碼頭上次來的工人聊了一會，事後他根據談話，為工人改善了沐浴設施，員工們都深受感動。

沃爾瑪對員工利益的關心有詳盡的實施方案。公司將「員工是合夥人」這一概念具體化為 3 個互相補充的計畫：利潤分享計畫、員工購股計畫和損耗獎勵計畫。1971 年，沃爾瑪開始實施第一個計畫，確保每個在沃爾瑪公司工作了一年以上以及每年至少工作 1,000 個小時的員工都有資格分享公司利潤。沃爾瑪運用一個與利潤成長相關的公式，把每個夠格的員工的薪資按一定百分比放入這個計畫，員工離開公司時可以取走這個份額的現金或相應的股票。沃爾瑪還讓員工透過薪資扣除的方式，以低於市值 15%的價格購買股票，現在，沃爾瑪已有 80%以上的員工藉助這兩個計畫擁有了沃爾瑪公司的股票。另外，沃爾瑪還對有效控制損耗的分店進行獎勵，使得沃爾瑪的損耗率降至零售業平均水準的一半。

2. 實行門戶開放，讓員工參與管理

門戶開放是指在任何時間、地點，任何員工都可以以口頭或書面形式與管理人員乃至總裁進行溝通，提出自己的建議和關心的事情，包括投訴受到不公平的待遇，而不必擔心受到報復。若他的上司本身即是問題的源頭或員工對答覆不滿意，還可以向公司任何級別的管理層彙報。門戶開放政策保證員工有機會表達他們的意見，對於可行的建議，公司會積極採納並實施。任何管理層人員如有借門戶開放政策實施打擊、報復行為，都將受到相應的紀律處分甚至解僱。

沃爾瑪與員工之間的溝通方式不拘一格，從一般面談到公司股東會議乃至衛星系統。沃爾瑪非常願意讓所有員工共同掌握公司的業務指標，每一件關於公司的事都可以公開。任何一家分店，都會公布該店的利潤、進貨、銷售和減價的情況，並且不只是向經理及其助理們公布，而且向每個員工包括計時工和兼職雇員公布各種資訊，鼓勵他們爭取更好的成績。沃爾瑪認為員工們了解其業務的進展情況是讓他們最大限度地做好其本職工作的重要途徑，它使員工產生責任感和參與感，意識到自己的工作在公司的重要性，覺得自己得到了公司的尊重和信任。

3. 用人不拘一格，即使不是職員也是顧客

沃爾瑪為每一位應徵人員提供相等的就業機會，並為每位員工提供良好的工作環境、完善的薪酬福利計畫和廣闊的人生發展空間。一般零售企業沒有數年以上工作經驗的人很難提升為經理，沃爾瑪哪怕是新人經過 6 個月的訓練後，如果表現良好，具有管理好員工和商品銷售的潛力，公司就會給予一試身手的機會，做經理助理或去協助開設新店等。做得不錯的，就會有機會單獨管理一間分店。

沃爾瑪的經理人員大都產生於公司的管理培訓計畫，透過公司內部提拔起來的。

沃爾瑪還設立離職面談制度，確保每一位離職員工離職前，有機會與公司管理層坦誠交流和溝通，從而能夠了解到每一位同事離職的真實原因，有利於公司制定相應的人力資源挽留政策，將員工流失率降低到最低程度，也讓離職同事成為公司的一名顧客。公司設有專業人員負責員工關係工作，受理投訴，聽取員工意見，為員工排憂解難。

4. 培訓就是交流，培訓就是認同

常用交叉培訓的方式，讓不同部門的員工交叉上工，實際培訓學習，以獲得更多的職業技能和經驗。讓員工掌握多種技能，具有不可低估的優勢。當員工一人能做多種工作時，工作團隊的靈活性和適應性就會大為提高。如有人度假

或因病或任務臨時改變時，隨時有人可以代替工作。新店開業，新應徵員工常會因經驗不足而無法提高工作效率，讓老員工支援，可避免這樣的問題。

注重加強員工對整體工作執行的認知，多技能培訓，保持了員工工作的高質高效，防止因工作單調乏味造成的人員流動，也有利於不同部門的員工能夠從不同角度考慮到其他部門的實際情況，降低了不必要的內耗。例如讓採購部門的同事進入業務部門，業務部門的則到採購部門工作，既豐富其工作能力又強化其全域性觀念，有利於人才脫穎而出。（資料來源：牛津管理評論—— oxford.icxo.com）

4. 階梯式激勵，總是比期望值稍高一點點

管理學中有個理論叫期望理論：期望與實現的差異，對人的精神狀態有著決定性影響。當期望小於現實的時候，有助於提高人們的積極性，在這種情況下，能夠增強信心，增加激發力量；反之，則會產生挫折感，對激發力量產生削弱作用。

在待遇留才的過程中，有一個很重要的技巧是階梯式激勵，要按照人性，沿著需求，給人才設計一個成長路徑規畫，一步一步地重用起來，每次總給人才比期望值稍高一點的激勵，而不能一步到位。平常老百姓說的「跳一跳摘到的桃子最甜」，就是指的這個意思。

5. 用水準留才，讓人才願戀跟著你做

研究顯示，領導的水準與人才穩定率密切相關，是成正比的關係，領導水準越高，人才就更願意留下來。加強領導藝術的學習和修練，能夠在同等的資源和條件下，爭取更多的優秀人才。

六、

管才篇 —— 沒有規矩，不成方圓

孫子說：「合之以文，齊之以武，是謂必取。」文，就是關愛，就是重用；武，就是紀律，就是規矩。兩者是統一的，如鳥之雙翼，車之兩輪，缺一不可。

領導者必須對人才實行有效的管理，確保讓人才管理不偏離組織的目標。

1. 做好表率，是一種有效的領導方法

據記載，曹操宛城征張繡時，正值麥熟，操發號令「大小將校，凡過麥田，但有踐踏者，並皆斬首」，然而曹操自

己騎的馬卻被一隻斑鳩驚嚇誤入麥中，踏壞了一大塊麥田。曹操立刻喚來行軍主簿，擬議自己踐麥之罪，並掣劍欲自刎。最後還是郭嘉以《春秋》之義勸阻，操便割髮以代首，於是三軍驚然。

與今天不同，古人講究「身體髮膚，受之父母」，是不會輕言割髮的，因為當時觀念認為頭髮受之於天地和父母，神聖之至，若髮與體相離，則意味著身首異處或棄塵緣而去。執法必嚴，違法必究，領導者要對法律法規充滿著敬畏，自己犯的錯誤，更應該賞罰分明，曹操「割髮代首」，展現了領導者的嚴於自律，以身作則，這是曹操威望形成的一個重要原因，也值得現代的領導者深思。

子曰：「其身正，不令而行；其身不正，雖令不行。」所謂「村看村，戶看戶，群眾看領導幹部。」群眾的眼睛是雪亮的。率先垂示，做好表率，對下屬是一種無聲的命令，而且此時無聲勝有聲，既是一種領導方法，也是領導者的一項重要職責。彼得．杜拉克認為，讓自身成效不高的管理者管好他們的同事與下屬，幾乎是不可能的事。

UCLA 的教授唐娜．麥克尼斯．史密斯（Donna McNeese-Smith）在研究保健領域的領導者時發現：「對雇員的生產率影響最大的行為就是以身作則。如果經理希望員工積極工作，他們必須為員工樹立榜樣，建立高標準，然後把他們鼓吹的東西落實在實踐中。」在商界也是這樣，「員工會自豪地說，他的老闆不僅用語言，也用行動說明自己在乎產品的品質。」光說是不行的，還要在生活中有所行動。[3]可是，當前一些單位的領導者卻無法有效地做到這一點，對自己要求是資本主義，對下屬要求是社會主義，形成了陰陽兩重天的局面。比如，有的領導者在大會上鄭重宣布，要厲行節約，反對浪費，節約每一滴水，每一度電，剛說完就大搖大擺地走進五星級飯店，喝洋酒抽貴菸，奢靡之風尤甚。領導者表裡不一，很難讓人信服，「臺上你說，臺下說你」，很多制度和理念是很難準確執行的，最終也只能導致失敗的結局。

2. 建立制度，明確統一標準

手錶定律告訴我們：只有一支手錶，可以知道時間；擁有兩支或者兩支以上的手錶並不能告訴一個人更準確的時間，反而會製造混亂，會讓看錶的人失去對準確時間的信心。領導者在管理人才、帶團隊時，也必須要明確一個標準，不能有任何歧義，而且要簡單易記，形象易懂，便於量化，讓人一目了然，這是實現有效領導的基礎和保障，否則就會讓團隊成員無所適從，甚至會導致團隊混亂。

沃爾瑪規定的「三公尺之內，露出你的八顆牙微笑」就比要「微笑服務、熱情待客」科學得多，執行起來效果也會好很多。

我們在觀看軍事題材的影視作品時，經常看到這樣一個經典鏡頭：無論是大戰之前的總攻擊、總撤退，還是小分隊行動，最高軍事指揮官在行動之前總要說：我們對錶，現在的時間是……

對錶其實就是發出一個訊號，明確一個標準。事實上，在一個有效率的組織中，誰的錶更接近天文時間並不重要，更重要的是以誰的錶為準。

案例：一家好公司的 20 條鐵規

第 1 條鐵規：公司利益高於一切

公司是全體員工的生存平臺，個人利益不能亦不得與之發生衝突。一旦禍起蕭牆，輕則申斥處罰，重則革職走人。砸了老闆或大夥的飯碗，誰也別想有好日子過。

第 2 條鐵規：團隊至高無上

團隊是各部門的生命線，在團隊力量支撐產業實體的市場經濟時代，除非你是來自異域的月球空心人。

第 3 條鐵規：用老闆的標準要求自己

個人薪水、抽成、獎金的分配雖然與工作業績相關，但它們最終是在老闆所獲取的企業利益的源頭基礎上實現。所以為謀求自身利益的兌現和擴大，就有必要以老闆的標準來要求自己。在團隊中，你的主管、你的客戶，都是你的老闆，你的工作態度必須要超越他們，否則你將永遠是他們指責的對象。

第 4 條鐵規：把事情做在前面

什麼算是敬業的標準？只有一個標準，這就是你所做的事情是在別人之前，還是之後。

如果是老闆想到的事情，讓你去做的，你做完了，但這算不上是在前面，前面還有老闆。如果老闆還沒想到的事情，你做完了，很棒！

同樣，比較對象還有主管、同事，看看自己的努力是在前面還是後面。面對一大攤子管理及後勤機關人員，讓人找碴是很委屈很難受的，但要知道，做在前面就可以去找別人的碴，如果你想改變局面的話。

第 5 條鐵規：響應是個人價值的最佳展現

個人價值的展現建立在團隊對你的需要程度上！所以，每當上司發出倡議或團隊中有人尋求工作支援的時候，在第一時間做出積極響應就是必需的事情，因為這關係到你的價值展現。

第 6 條鐵規：沿著原則方向前進

對於原則方向只能接受它，不能抗拒它。如果你打算堅持下來並期望有所作為。

那麼，如何才能做好事情？很簡單，沿著公司明文規定的原則方向前進，不要偏離，不要為人所左右，包括你的主管的某些指令在內。

第 7 條鐵規：先有專業精神，後有人才

各個部門中有各式各樣的人，但其中總有些人的存在是可有可無的，因為他們沒有專業精神，他們無法被人所倚重，他們只是部門中的一些刪節號，注定將要在只尋求結果的模式和程式中消失。

因為專業精神，就是服務本身，服務既是指為客戶服務，又是指為自己周圍的同事服務。

第 8 條鐵規：規範就是權威，規範是一種精神

有些人做事永遠不規範，因為他們從來沒有把它視為是必需的，所以他們永遠受到打壓，成績總是被人否定。

規範是一種精神，一種可貴的習慣，這是它不容易養成的原因。但是，沒有規範，就沒有權威，規範意味著你不但懂得做人和做事，而且懂得如何做好它們。

第 9 條鐵規：主動就是效率，主動、主動、再主動

主動的人是最聰明的人，是團隊中最好的夥伴，是人人都想要有的朋友。永遠要記住，主動精神是你最好的老師。在困難的時候能夠幫助我們的，是主動而不是運氣。

第 10 條鐵規：任何人都可成為老師

因為擔心犯錯或是為了尋找心理上的安全感，人們希望有個人能依靠，能給予指點，這是對的，問題是有人總是錯將上級當成唯一的老師。姑且不說身為上級的老師往往不喜歡笨小孩這一慘痛的教訓，事實上團隊中任何人都可成為你的老師，只要你虛心求教，而不是為了達成曲線救國的其他目的。因為你需要的只是知識，而不是老師。

第 11 條鐵規：做事三要素 —— 計畫、目標和時間

永遠要有計畫，永遠要知道目標，永遠不要忘了看時間。

第 12 條鐵規：不要解釋，要結果

競爭社會中，許多時候，解釋是沒有意義的，這意味著你想推卸或要別人來承擔責任。

如果你不希望看到最後的結果，那麼首先要做的是盡可能去改變過程。永遠記住：業績會說話，成就會說話。

第 13 條鐵規：不要編造結果，要捲起袖子做事

不要用可怕的結果嚇唬自己或是嚇唬別人，首先捲起袖子去做事。只有這樣才知道結果是否真的很可怕，經驗顯示，95%以上的可怕猜測會因為捲起袖子做事而自然消失。

第 14 條鐵規：推諉無效

在失敗面前，在錯誤面前，每個人都知道最不好的做法

就是推諉，而推諉在團隊中是無效的。

團隊好比一根鏈條，總是推諉的人猶如鏈條中的沙子，會讓其他人感覺特別彆扭，並且會讓人加深對你所犯錯的印象。

第 15 條鐵規：簡單、簡單、再簡單

不要太誇張，不要虛張聲勢，更不要節外生枝。尋找捷徑是提升工作效率的首要方法。同樣的一件事情，如果你能完成得比別人更簡單，就是好樣的。

第 16 條鐵規：做足一百分是本分

一百分是完美的表現，追求顧客滿意，追求完美服務。不要以為這是高要求，如果你能實現一百分，不過是剛剛完成了任務而已。

第 17 條鐵規：做人要低調，做事要高調，不要顛倒過來

低調做人，可以在你周圍保持健康的空氣，而高調做事，則可以贏得支持和聲譽。

第 18 條鐵規：溝通能消除一切障礙

溝通能力是從業人員的基本素養。不要怕溝通中的小麻煩，如果你不想面對更大的麻煩，就要溝通，就要協調周圍的一切。順暢不會從天而降，它是溝通的結果。

第 19 條鐵規：從業人員首先是架宣傳機器

作為企業流動的廣告視窗，不論穿行於大街小巷還是深

入到城鎮鄉村，你必須一路口水一路歌，不遺餘力地做公司以及產品的吹鼓手，這是你最基本的工作任務。

當然，鼓動別人之前，先要鼓動自己！

第 20 條鐵規：永遠保持進取，保持開放心態

謙虛是擁有開放心態的表現。

在任何一個業務部門中，最占便宜的是兩種人，一種人勇於開拓進取，收穫是自己的，失敗是上司或老闆的，更重要的是，這種人把自己的退路留給了老闆或上司去照顧。另一種人是有開放心態的人，他們謙虛，他們可以有效接受別人的看法，所以他們的成功比別人快得多，自然收穫也大！

3. 不患貧而患不均，公平是最大的動力

美國心理學家約翰·斯塔希·亞當斯（John Stacey Adams）提出的公平理論認為，員工的激勵程度來源於對自己和參照對象的報酬和投入的比例的主觀比較感覺。人們追求的幸福常常並不是自己真正心中的幸福，而是「要比周圍的人更加幸福」的幸福。

案例：年終獎領了 5 萬之後

老王辛苦了一年，年終獎拿了 5 萬，左右一打聽，辦公室其他人年終獎卻只有 5,000。老王按捺不住心中狂喜，偷

偷用手機打電話給老婆：親愛的，晚上別做飯了，年終獎發下來了，晚上我們去妳一直惦記著的那家西餐廳，好好慶祝一下！

老王辛苦了一年，年終獎拿了 5 萬，左右一打聽，辦公室其他人年終獎也是 5 萬，心頭不免掠過一絲失望。快下班的時候，老王發了條簡訊給老婆：晚上別做飯了，年終獎發下來了，晚上我們去家門口的那家川菜館吃吧。

老王辛苦了一年，年終獎拿了 5 萬，左右一打聽，辦公室其他人年終獎都拿了 5.2 萬。老王心中鬱悶，一整天都感覺像壓著一塊石頭，悶悶不樂的。下班到家，見老婆正在做飯，嘟嘟嚷嚷地發了一通牢騷，老婆好說歹說勸了半天，老王才想開了些，哎，聊勝於無吧。把正在玩電腦的兒子叫過來，給他 500 塊：去，到門口川菜館買兩個菜回來，晚飯我們加兩個菜。

老王辛苦了一年，年終獎拿了 5 萬，左右一打聽，辦公室其他人年終獎都拿了 10 萬。老王一聽，肺都要氣炸了，立刻衝到經理室，理論了半天，無果。老王強忍著怒氣，在辦公室憋了一整天。回到家，一聲不吭地生悶氣，瞥見兒子在玩電腦，突然大發雷霆：你個沒出息的東西，馬上要考試了，還不趕緊去看書，再讓我看到你玩電腦，老子打爛你的屁股！

老王領取同樣數目的年終獎，在不同的參照對象下，卻是截然不同的感受。有句古語：「不患貧而患不均。」很多矛盾和糾紛均起火於領導不能一碗水端平，「王子犯法與庶民同罪」。美國哈佛管理雜誌告誡所有的領導者和管理者：要想凝聚人心，團結員工，進而取得事業的成功，公平、透明的決策過程比加薪更重要。

4. 領導是嚴肅的愛，要賞罰分明

法律無情，軍令如山，制度是剛性的，沒有任何討價還價的餘地。賞罰不明是做領導者的大忌，由此帶來的負面影響比不作為還要嚴重。古人云： 上有所好，下必甚之，楚王好細腰，國中多餓死。績效考核有一項基本原則，領導考核什麼，下屬就注意什麼。賞罰要與領導者的日常言論相一致，要透過賞和罰向團隊成員傳遞一種非常明確的訊號：應做怎樣的人、應珍視哪種價值、應反對哪些問題等。

在賞罰的過程中，領導者應透過建設性的方式即時向團隊成員回饋相關過程訊息。有些領導者總是不願認真面對團隊成員的績效問題，害怕傷害上下級之間的感情，導致團隊成員的業績一直下滑，最後進入無法收拾、必須將此人解僱的局面。而遭解僱的下屬在這一切發生之後，向上級怒不可遏地發問道：「你為什麼從來沒有告訴我，我的表現是有問題的？」領導者給出了這樣的答案：「因為我不想傷害你的感情。」事實上，領導者若站在對團隊成員負責、本著治病救人的態度，第一時間直接指出他們身上的問題，將初現的苗頭性問題消滅在萌芽和起步狀態，對下屬是一種保護，也不會傷害上下級之間的感情，關鍵是讓下屬從心裡切實體會到領導是嚴肅的愛。如果下屬感受不到愛，感受的只是嚴厲冷默的「黑臉」，領導者是不會擁有真心追隨者的。

在賞罰的過程中，要即時兌現，立竿見影，有功即時論功行賞，有過即時考核處罰，該賞的時候賞得人心花怒放，該罰的時候罰得人膽顫心驚，實現貢獻與報酬的基本均衡，這樣獎勵能最大限度地發揮激勵作用，處罰能即時警示團隊成員，制度是條高壓線，一碰就會受到應有懲罰。反之，如果不即時賞罰，則可能會破壞團隊公平、公正的良好氛圍，對犯錯者是一種縱容，對其他成員是一種不公平，甚至會「劣幣驅逐良幣」，衝擊了真正的人才，「一粒老鼠屎壞了一鍋粥」。

這種逆淘汰的現象對團隊的傷害常常是致命的，應堅決避免。

日本八佰伴總裁和田一夫在企業破產後說過一句讓人深思的話：「在殘酷和商場上，柔情有時候是致命的。」

心理學上有個現象叫做「破窗效應」，就是說，一個房子如果窗戶破了，沒有人去修補，隔不久，其他的窗戶也會莫名其妙地被人打破；一面牆，如果出現一些塗鴉沒有清洗掉，很快的，牆上就布滿了亂七八糟、不堪入目的東西。考核也是這樣，如果破壞制度的人不能第一時間受到處罰，就會引發連鎖效應，一發不可收拾。

賞要一點一點地給，罰要一步到位。為更有效地發揮賞罰的效應，在罰的過程中，一定要一次完成，這樣可以減少下屬受折磨的感覺；而在賞的過程中，則正好相反，一點一點地給予，讓下屬感覺到領導的恩惠，如綿綿江水，源源不斷。

對人才要建立獨特的管理模式。彼得．杜拉克說過：「人的能力越強，缺點也就越多。這好比山峰越高，峽谷就越深。」人才是有能力的人，往往稜角鮮明、鋒芒畢露、野心勃勃、桀驁不馴。對待能力超強的人才，不能用普通的管理模式，可以量體裁衣，建立專門的控制和約束管理模式。《西遊記》中，唐僧為什麼單單給孫悟空帶上緊箍咒？這其實就是對能人的獨特管理和約束。

案例：GE 的「A、B、C」用人理論

在奇異公司披露的一封致 GE 股東、客戶與員工的信中，威爾許向股東、客戶與員工闡明了 GE 成功的祕訣。這

個祕訣其實就是 GE 的用人理論。

威爾許指出，我們都把人分成三類：A 類是前面最好的 20%，B 類是中間業績良好的 70%，C 類是最後面的 10%。GE 的領導者必須懂得，他們一定要鼓舞、激勵並獎賞最好的 20%，還要給業績良好的 70%不斷打氣加油，讓他們進步成長，並設法讓他們進入前 20%的行列，這樣才能保證優秀的人才呈現一個梯隊結構，層出不窮，人才輩出；不僅如此，GE 的領導者還必須下定決心，永遠以人道的方式，換掉那最後 10%的人，並且每年都要這樣做，對團隊實行持續的換血工程。只有如此，真正的菁英才會產生，才會興盛。

威爾許說：「在 GE，最好的 20%必須在精神和物質上受到愛惜、培養和獎賞，因為他們是創造奇蹟的人。一定熱愛他們，擁抱他們，親吻他們，不要失去他們！失去 A 類員工是領導的失誤，凡是造成 A 類人才流失的都要做事後檢討，並一定要找出這些損失的管理責任。」

傑克·威爾許還說：「什麼樣的人企業堅決不能用？是有業績、有能力，但不認同你公司的文化，也就是說和企業的價值觀不同，這樣的人堅決不能用，更不用說進入高層。」這樣的人才也屬於 C 類員工，要堅決予以清除這些害群之馬。

5. 恩威並重，方為長久之道

在十分注重人情味的社會裡，如果一個領導被認為是沒有人情味的話，那麼他的領導很可能是失敗的。如商鞅、吳起、李斯、韓非子等歷史上鐵面無私的人物，立威不立德，雖然做出了轟轟烈烈的事業，但是，最後下場都不怎麼好。所以，對領導者來說，要注重恩威並重，恰如其分地平衡好嚴格管理與人情關懷之間的關係，拿捏得體，才能足以服眾，方為長久之道。

唐太宗麾下有一員大將叫尉遲恭，字敬德。尉遲恭當年隨唐太宗南征北戰，立下了汗馬功勞。曾幾次把唐太宗從危難中解救出來。尤其是在玄武門之變中，他親手殺死了唐太宗的四弟李元吉，為唐太宗做皇帝鋪平了道路。

唐太宗即位之後，天下太平。眾所周知，打天下的時候靠的是武將，守天下的時候靠的是文臣。尉遲恭的地位便不可避免地被邊緣化。尉遲恭感覺到自己受到了忽視，心裡非常不痛快，要尋機發洩。

貞觀六年，唐太宗組織了一次盛大的國宴。在這次國宴上，因為排座次的問題，尉遲恭開始故意找碴。唐太宗的族兄任城王李道宗正在他的下首，出於好意對尉遲恭好言相勸，沒有想到尉遲恭非但不聽，反而勃然大怒，一拳打過去，差一點打瞎李道宗的眼睛，整個國宴也因此被搞得一塌糊塗。

這時候唐太宗很難辦了。首先，發生這麼大的亂子，這樣的行為必須處理。如果亂了國紀、亂了綱常，卻無法處理，那這個皇帝的威信將會掃地，但是，尉遲恭是老臣，是功臣，與唐太宗感情很深，一殺了之，會給予人不念舊情的感覺，也會傷了很多人的心。

唐太宗這時候確實表現出了明君的本色。他對著尉遲恭一邊流淚，一邊說：「我非常希望能夠跟功臣們共享榮華富貴，但是我現在才明白，當初漢高祖劉邦殺功臣，也是迫不得已的啊！」劉邦打下天下以後，韓信、彭越這些功臣一個個都被殺掉了。

唐太宗的這段話說得非常委婉，但訊息非常清楚：如果你尉遲恭再這樣胡鬧下去，下場就是人頭落地。尉遲恭也不是傻瓜，他立即明白了唐太宗的意思，流著眼淚，磕頭謝罪。從此以後大為約束自己的行為，因而一輩子榮華富貴，得以善終。

唐太宗的這段話，雖然非常婉轉，但是其中蘊含的殺機是非常清楚的，這就是恩威並重，實現了一石二鳥的效果，既實現了警告眾人、法律無情的目的，又充分讓尉遲恭等一批老功臣體會到了深厚的情誼，皇帝對「開國元老」還是非常重感情的。

案例：諸葛亮揮淚斬馬謖

蜀後主建興六年，諸葛亮為實現統一大業，發動了一場北伐曹魏的戰爭。他命令趙雲、鄧芝為疑軍，占據箕谷，親自率 10 萬大軍，突襲魏軍據守的祁山，任命參軍馬謖為前鋒，鎮守策略要地街亭。臨行前，諸葛亮再三囑咐馬謖：「街亭雖小，關係重大。它是通往漢中的咽喉。如果失掉街亭，我軍必敗。」並具體指示讓他「靠山近水安營紮寨，謹慎小心，不得有誤」。

馬謖到達街亭後，不按諸葛亮的指令依山傍水部署兵力，卻驕傲輕敵，自作主張地想將大軍部署在遠離水源的街亭山上。當時，副將王平提出：「街亭一無水源，二無糧道，若魏軍圍困街亭，切斷水源，斷絕糧道，蜀軍則不戰自潰。請主將遵令履法，依山傍水，巧布精兵。」馬謖不但不聽勸阻，反而自信地說：

「我馬謖通曉兵法，世人皆知，連丞相有時都得請教於我，而你王平生長戎旅，手不能書，知何兵法？」接著又洋洋自得地說：「居高臨下，勢如破竹，置死地而後生，這是兵家常識，我將大軍布於山上，使之絕無反顧，這正是致勝之祕訣。」王平再次諫阻：「如此布兵危險。」馬謖見王平不服，便火冒三丈地說：「丞相委任我為主將，部隊指揮我負全責。如若兵敗，我甘願革職斬首，絕不怨怒於你。」王平再次義正詞嚴：「我對主將負責，對丞相負責，對後主負責，對蜀國百姓負責。最後懇請你遵循丞相指令，依山傍水布兵。」馬謖固執己見，將大軍布於山上。

魏明帝曹叡得知了蜀將馬謖占領街亭，立即派驍勇善戰、曾多次與蜀軍交鋒的張郃領兵抗擊。張郃進軍街亭，偵察到馬謖捨水上山，心中大喜，立即揮兵切斷水源，掐斷糧道，將馬謖部隊圍困於山上，然後縱火燒山。蜀軍飢渴難忍，軍心渙散，不戰自亂。結果，張命令乘勢進攻，蜀軍大敗。馬謖失守街亭，戰局驟變，迫使諸葛亮退回漢中。

馬謖違反了諸葛亮的排程，在山上紮營，是丟失街亭的主要原因，而街亭的丟失，讓蜀漢軍隊喪失了繼續進取陝西的最好時機，身為將領，馬謖需要負主要責任。

諸葛亮總結此戰失利的教訓，痛心地說：「用馬謖錯矣。」軍紀高於一切。為了嚴肅軍紀，諸葛亮下令將馬謖革職入獄，斬首示眾。臨刑前，馬謖上書諸葛亮：

「丞相待我親如子，我待丞相敬如父。這次我違背節度，招致兵敗，軍令難容，丞相將我斬首，以誡後人，我罪有應得，死而無怨，只是懇望丞相以後能照顧好我一家妻兒老小。這樣我死後也就放心了。」諸葛亮看罷，百感交集，老淚縱橫，要斬掉曾為自己十分器重賞識、關係很不一般的將領，心若刀割；但若違背軍法，免他一死，又將失去眾人之心，無法實現統一天下的宏願。於是，他強忍悲痛，讓馬謖放心而去，自己將收其兒為義子。而後，全軍將士無不為之震驚。

據羅貫中的《三國演義》記載：馬謖被推走後，諸葛亮拭乾眼淚，又宣布一道命令：對力主良謀、臨危不懼、英勇善戰、化險為夷的副將王平加以褒獎，破格擢升為討寇將軍。善於自省的諸葛亮斬馬謖、升王平之後，多次以用人不當為由，請求自貶三等，一品丞相為三品右將軍，仍盡心竭力輔佐後主劉禪，欲圖中原，成就大業。諸葛亮率先垂示，嚴肅軍紀從我做起，請求自貶三等，也警示了全軍嚴肅紀律的決心；透過這種有賞有罰的鮮明機制，向大家傳遞一個明確的訊號，強化大家對什麼是對、什麼是錯的思想認知。

諸葛亮斬馬謖可謂是千古傳誦，並被搬上了京劇舞臺，是一個十分經典的領導故事，絕就絕在「揮淚」兩個字上，一方面，以此事為載體警示了眾人，讓大家領會到了軍法無情，任何人違反了軍法都要問責；另一方面，讓大家感到了諸葛亮丞相的人性化一面，很富有人文情懷。

第四章

領導藝術的六項修練

《大學》中說：「古之欲明明德於天下者，先治其國。欲治其國者，先齊其家。欲齊其家者，先修其身。」提升自我修養是一個人齊家、治國、平天下的基礎，是修練領導藝術的堅強基石。

領導藝術的修練是一項極其複雜的系統工程，涉及各方面，很難總結出一套可操作的具體模式，按照說明書一步一步操作，就可以實現領導藝術的自我提升；也沒有「放之四海而皆準」的領導真理，可以適用於所有的團隊組織。

但是，在多年的教育實踐培訓過程中，我們透過對卓越領導者的相關研究，還是發現了一些規律，可以讓有意於提升領導藝術的人士少走一些彎路。這些規律性行為就構成了本章領導藝術學習修練的基礎元素。

一是遙望星空，樹立遠大理想，描繪共同願景；

二是腳踏實地，一步一個腳印往前走；

三是養成良好的習慣，從今天做起；

四是讓學習成為一種生活方式，提升個人能力；

五是敢闖敢試，勇於突破創新，在實踐中樹立領導的權威；

六是修練領袖品格，贏得追隨者的信任。

一、

遙望星空，樹立遠大理想，描繪共同願景

1. 遠大理想，不只是看上去很美

信仰是卓越領導者追求進步的基石，一個卓越的領導者首先是一個偉大的造夢者。心有多大，舞臺就有多大。歐巴馬（Barack Hussein Obama II）說：「我不接受美國成為世界第二。」

據《史記．卷三十六》記載，陳涉少時，嘗與人傭耕，輟耕之壟上，悵恨久之，曰：「苟富貴，勿相忘。」傭者笑而應曰：「若為傭耕，何富貴也？」陳涉嘆息曰：「嗟乎，燕雀安知鴻鵠之志哉！」由此可以看出，陳勝、吳廣之所以能發動中國歷史上第一次大規模的農民起義運動，並不是一時興起，而是年輕時宏圖之志噴薄而出的結果，是偶然之中的必然。

「在企業，尤其是高科技企業，僅僅擅長你的工作還不夠，你還必須能夠至少跟上一股大潮流，並乘著它駛向

成功的彼岸。」Google 執行董事長艾立克．施密特（Eric Schmidt）和前產品高級副總裁喬納森．羅森堡（Jonathan Rosenberg）在他們合著的新書《Google 如何運轉》（*How Google Works*）中寫道：

由於不斷有年輕職場人士向他們詢問事業方面的建議，他們決定傾囊傳授他們的寶貴經驗和教訓。現將他們的建議總結如下：

一、向衝浪一樣對待你的事業

「將你所處的行業想像成你衝浪的地方，你所在的公司就是你需要跟上的浪潮。你需要始終立於浪頭。」施密特和羅森堡寫道。

由於年輕職場人士還沒有足夠的資金實力來投資股票和其他資產，因此他們的最好投資就是選擇一個正在快速轉型和發展的行業，然後提升自己的技能。

「現在不只網路公司有很好的發展勢頭。能源、醫藥、高科技製造、廣告、媒體、娛樂和消費者電子產品等行業同樣方興未艾。」他們寫道，「產品週期較長的能源和醫藥等行業，正在面臨大規模轉型，存在大量的機會。」

二、跟隨懂科技的公司

就算你不準備在矽谷工作，你也要在懂科技發展趨勢以及科技對行業影響的公司工作。因為只有這些公司才能在未來其他公司倒閉或停滯不前的時候長盛不衰。

施密特和羅森堡稱，判斷某個企業是否懂科技的一個簡單方法就是看看它在過去是如何適應行業變化的，以及看看它的領導者具有怎樣的背景。如果一家公司的 CEO 擁有創辦公司以及在科技行業工作的背景，那麼這家公司將來就很有可能發展壯大。

三、制定 5 年計畫

羅森堡寫道，他很喜歡聽從音樂家、諷刺作家和數學家湯姆・萊勒（Tom Lehrer）的建議：「生活就像下水道，你丟進什麼，你就會從中得到什麼。」

羅森堡和施密特建議年輕職場人士制定一個 5 年計畫，並在計畫中回答這些問題：「你想到哪裡工作？你希望做什麼？你希望賺多少錢？如果你在網路上看到這份工作，你希望它的職位說明是怎樣的？你的履歷是什麼樣子的？」你甚至要努力弄清楚你希望 10 年後成為怎樣的人。

此外，你還要弄清楚如何發揮你的優勢，並改善你的弱點。如果你覺得自己在今天就可以開始你夢想中的工作，那麼你的夢想還不夠遠大。

四、習慣於看數據

「我們現在處於大數據時代，這些大數據需要統計分析才能變得有意義。這意味著誰能更好地分析大數據，誰就是未來的贏家。數據是 21 世紀的大刀，誰能得心應手地使用它，誰就是真正的武士。」施密特和羅森堡寫道。

這並不是說你要趕快拿出統計學課本，狂補相關知識。但是，你至少應該熟悉你的公司處理數據的方法，以及了解如何利用這些訊息來提升自己的業務水準。

五、盡可能多地了解你所在的公司和行業

「在 Google，我們總是讓前來討教學習的人檢視我們的創始人在 2004 年上市時撰寫的信函，以及艾立克和賴利．佩吉（Larry Page）後來撰寫的所有內部策略備忘錄。」施密特和羅森堡寫道。他們解釋說，Google 大多數員工認為自己太忙而沒有時間閱讀它們，結果他們因為沒有把公司的價值和策略放在優先位置而錯過了自身發展的好時機。

對於你自己創辦的公司，你也應該盡可能多地了解它所處的行業。你要了解行業動態，建立你所在領域的人脈關係網路，並增強彼此之間的訊息交流。

這樣做的一個簡單的辦法就是利用 Twitter 連繫你所在行業中的頂級企業和重要的新聞媒體。

六、隨時準備好利用乘坐電梯的功夫闡述你當前和未來的目標

想像一下，你在電梯門口遇到了你的 CEO，然後他問你最近在做什麼，你只有 30 秒的時間來回答他。

這個時候你就不能長篇大論地漫談了。你應該隨時準備好簡單扼要地解釋你正在做什麼，你的動力是什麼，你如何衡量你的成功，以及你的目標如何與公司的大目標保持一致。

如果你正在找工作，那麼你應該準備好在 30 秒鐘的時間內重點闡述你的履歷中最有意思的部分，然後解釋你將如何在你面試的公司中發揮你的影響力。「你要說出你有哪些別人沒有的能力。」施密特和羅森堡說。

七、到陌生的地方去

施密特和羅森堡建議，如果你有機會走出你的舒適區，到陌生的地方展開工作，那麼你就應該抓住它。

企業，無論大小和經營範圍如何，都是全球性的，儘管人類往往習慣於選擇自己熟悉的地方開始生活。你在潛意識裡可能會認為你的所有客戶以及行業中的所有其他公司都與你處在相同的地區。你千萬不要被這樣的錯覺所迷惑。

施密特和羅森堡建議，趁著你年輕的時候，爭取機會到你公司的海外分公司去工作；如果你的公司沒有這樣的機會，那麼就趁你旅遊的時候了解一下你所處的行業在世界各地的發展情況。例如，如果你在媒體行業，你可以在你旅遊的任何地方拿起一份報紙，研究一下他們闡述新聞的方式與國內有何不同。

八、將熱情和貢獻統一起來

在巴納德學院畢業典禮上發表演講時，Facebook CEO 雪柔．桑德伯格（Sheryl Sandberg）說，「我們的終極享受是將熱情與貢獻統一起來。」

施密特和羅森堡認同這種看法，他們表示你的事業上的一個永恆的目標就是：你不僅熱愛你的工作，而且還能憑你的工作給你提供舒適的生活，並對全世界產生影響。當然，他們理解達到這個平衡的難度。因此，他們提出了一個循序漸進的方法：「讓你的 5 年計畫中的理想工作不斷逼近你夢想中的工作。」

亞里斯多德說：「要想成功，首先要有一個明確的、現實的目標 —— 一個可以奮鬥的目標。」確立明確目標是事業取得成功的基礎和前提，「不想當元帥的士兵不是好士兵」。

孔子曰：「取乎其上，得乎其中；取乎其中，得乎其下；取乎其下，則無得矣。」

意思是說，一個人向著最高目標邁進，其結果可能只能達到中等水準；如果向著中等目標邁進，其結果可能只是達到下等水準；如果向著下等目標邁進，可能就什麼也不能獲得了。

人生的路千萬條，面對人生的選擇時，選擇什麼作為自己的人生目標？興趣是最好的老師，要選擇最喜歡、最擅長的領域。做事創業是一件艱苦卓絕的事情，只有自己鍾愛的東西，才能迸發源源不斷的熱情鬥志，提供強大的動力。

賈伯斯說：「我很清楚唯一使我一直走下去的，就是我做的事情令我無比鍾愛。你需要去找到你所愛的東西。對於工作是如此，對於你的另一半也是如此。你的工作將會占據生活中很大的一部分。你只有相信自己所做的是偉大的工作，你才能怡然自得。」

無獨有偶，比爾蓋茲也說過：「我所從事的事業是世界上最美妙的事情，我喜歡每天都去工作，在這個過程中，我每天都會遇到挑戰，每天都可以學到新東西。如果你能像我這樣對待工作，我保證你永遠不會對工作感到懈怠。」

遠大理想不僅僅是希望的肥皂泡，只是看上去很美麗，它也是非常實用、十分有營養的東西。心理學的研究也證實了這個觀點，人在從事崇高事業時，疲勞感會瞬間消失。

案例：三個建築工人的故事

一天，一位記者到建築工地採訪，分別問了三個建築工人一個相同的問題，「你正在做什麼活」，得到了三個不同的答案，也由此形成了三人迥然不同的命運。

記者問第一個建築工人正在做什麼工作，那個建築工人頭也不抬地回答：「我正在砌一堵牆。」第一個建築工人只是把砌牆當成一種養家餬口的方法，被動而無奈。

記者問第二個建築工人同樣的問題，第二個建築工人回答：「我正在蓋房子。」

第二個建築工人把砌牆當成工作，具有一定的主動性，但缺乏創造性。

記者又問第三個工人，這次他得到的回答是：「我在為人們建造漂亮的家園。」

第三個建築工人是在尋找一個夢想，把建造漂亮的家園當作自己人生的信念，堅持不懈地去追求。

記者覺得三個建築工人的回答很有趣，就將其寫進了自己的報導。若干年後，記者在整理過去的採訪紀錄時，突然看到了這三個回答，三個不同的回答讓他產生了強烈的欲望，想去看看這三個工人現在的生活怎麼樣。

等他找到這三個工人的時候，結果在他意料之外，又在其意料之中：當年的第一個建築工人現在還是一個建築工人，仍然像從前一樣砌著他的牆，一切都沒有改變；而在施工現場拿著圖紙的設計師竟然是當年的第二個工人；至於第三個工人，記者沒費多少工夫就找到了，他現在成了一家房地產公司的老闆，前兩個工人正在為他工作，他成了一個卓越的領導者。

2. 用簡短有效的語言，描繪共同願景

要想走得快，一個人走；要想走得遠，一群人走。領導是一個團體運動，不是一個人的獨角戲，要想吸引一群人走，必須靠共同願景。美國領導力學家瑪麗．帕克．傅麗特（Mary Parker Follett）認為：「最為成功的領導者能夠看到尚未變成現實的圖景。他能夠看到自己當前的途徑中孕育生發但仍未露頭的東西……最重要的是，他要讓周圍的人感覺，這不是他個人所要達到的目的，而是大家的共同目的，出自於整個團隊願望和行動。」

麥當勞的願景是成為世界上服務最快、最好的餐廳。

福特公司的願景是讓每個美國人都能擁有汽車。

索尼公司的願景是為股東、顧客、員工，乃至商業夥伴在內的所有人提供創造和實現他們美好夢想的機會——Dream In Sony。

微軟的願景是讓地球上每個家庭都擁有自己的電腦，而且這個電腦使用起來非常方便。

挺有意思的一個現象是，世界著名的哈佛商學院、華頓商學院為新生入學安排的第一堂，不約而同地選擇了願景這一概念。這些著名商學院一致認為，只有具有了美好願景的企業和企業家，才能夠在商業社會中生存和發展。

沒有了願景，單純依靠物質來激勵，就無法獲取持久的動力。

為方便傳播和記憶，願景必須簡單有效，直入主題。「是真佛只說家常話。」無論是領導，是管理，還是行銷，最核心的一點是相通的，那就是越簡單，越有效。

領導者在詮釋願景時，要用基層成員能夠理解的語言，用簡短的語言表達出深刻的內涵，以方便記憶掌握，實現過目不忘的效果。

3. 講故事，善演講，借藝術，讓團隊成員真正接受共同願景

提出願景只是萬里長征的第一步，最關鍵的是透過不厭其煩、多次傳達、反覆溝通，將這種願景形象地傳達到團隊成員心中，透過「畫餅充飢」的辦法，吸引一批志同道合者加入，成為他們自覺的行動。不管當前條件如何，團隊成員堅信自己正在從事的是一件非常有意義的壯舉，「麵包會有的，奶油會有的，一切都會有的」。

實踐證明，講故事是傳達重要訊息的最佳途徑，國內外很多知名組織的文化，都是透過編成一個個簡單易懂的故事來進行廣泛傳播的，它很容易讓人記住，並且可以讓團隊成員引發興趣，產生共鳴，進而達到傳承領導者思想、教育引

導團隊成員、打造團隊凝聚力的效果。

卓越的領導者都是講故事的大師，很多知名企業家也都是透過講故事的方式傳經布道，其中雖然帶有一定的虛構和想像成分，但效果是明顯的。它讓世人先記住了「洗馬鈴薯的洗衣機」、「廠長用大錘砸不合格的電冰箱」等一系列故事，進而記住了品牌，成為其忠實客戶。

邱吉爾曾經說過：「在人類各種天賦才華中，沒有比演說這一項更為寶貴的了，一個人如能妥為掌握，他手執的權力就將比一位君主的更為穩固持久。」縱觀古今中外的卓越領導者，他們的演講能力也都是一流的。臺上一分鐘，臺下十年功。

最好的演講，是用最簡練通俗的語言，直接表達出你的觀點，不說廢話、大話和空話，演講臺上的每一分鐘都很重要，沒有特色的演講會讓觀眾悄悄離席，甚至會遇到遭扔鞋的尷尬。

當然，一流的演講家不一定是口若懸河、滔滔不絕，沉默有時是最佳的語言，此處無聲勝有聲。演說專家詹姆斯．C．休姆斯（James C. Humcs）曾經說過：

「有些時候，沉默比喋喋不休說得更為響亮。」拿破崙每次在將領及軍隊前發表開戰演說鼓舞士氣時，都會刻意地靜默四五十秒。有人甚至如此形容：在士兵眼中，每當他沉默一秒，就會長高一分，贏得他們多一分注視。大獨裁者也深諳語言技巧，在柏林廣場發表演說前，他往往會沉默好一陣，以贏得群眾的關注，然後才高聲喊出口號。拿破崙和其他的例子都說明，在演講到了關鍵部分時，一段適時的停頓和沉默，能為你的演說增加分量及智慧，加深聽眾的印象。

把領導者思想融合在藝術裡，對傳播共同願景也有極佳效果。曼德拉曾經說過：「藝術家所到達的領域，遠遠超出政治家。藝術，特別是娛樂和音樂，能夠被所有人理解，振奮人心。」從曼德拉入獄到獲釋的 27 年時間中，藝術家從未停止用他們的作品向這位抗爭者致敬。據稱，曼德拉深信，這些對自己的獲釋，產生了推動作用。

二、
腳踏實地，向著理想邁進

遠大的理想必須靠腳踏實地的精神來實現，要做到腳踏實地必須靠仰望星空的理想來指引。

1. 簡單執著，每天進步一點點

兔子與烏龜賽跑的故事說明，在通往比賽終點的過程中，兔子雖然有跑步的天賦，但如果沒有持之以恆的努力，也可能會輸給在跑步方面先天不足的烏龜。

「烏龜精神」永遠沒有落伍，對今天的我們仍有重要的啟示意義。「烏龜精神」的概念，就是指烏龜認定目標，心無旁騖，艱難爬行，不投機、不取巧、不拐彎，跟著客戶需求一步一步地爬行。前面 25 年經濟高速成長，鮮花遍地，我們都不東張西望，專心致志；未來 20 年，經濟危機未必會很快過去，四面沒有鮮花，還東張西望什麼？聚焦業務，簡化管理，一心一意地瀟灑走一回，難道無法超越？

阿甘簡單、執著、不忘初心，擁有財富，又不曾被財富所改變。與烏龜精神在很多方面也是相通的，其實質都是簡單、執著、持之以恆。

人生如同一場馬拉松比賽，起點基本是相同的。即便是偉大的人物，一開始大多也是為了謀生，實現自我價值。

在馬拉松比賽開始後，人與人之間的差距才一步步拉大。好萊塢著名經紀人歐文．拉扎爾說過：「有時，我一大早醒來，會發現無事可做。因此，我就會沒事找事，使午飯前的上午時光不白白流失。」卓越的人會有一種持之以恆的「烏龜精神」，不虛度一寸光陰，一上午做一件小事，一天做一件實事，一個月做一件新事，一年做一件大事，一輩子做一件非常有意義的事。世界著名的大畫家梵谷說：「偉大的事情不是一時的衝動就能實現的，而是透過不間斷的小事，日積月累而成的。」

案例：從廁所清潔員到麥當勞全球執行總經理

曾任麥當勞執行總經理的查理．貝爾（Charlie Bell）職場是從打掃廁所開始的，就是靠這種「把廁所打掃得比某些不講究餐廳的用餐大堂還要乾淨」的精益求精的理念，數年如一日的堅持，實現了職場上的不斷提升。

15 歲那年，由於家境貧寒，貝爾找到了一家麥當勞店長，請求一份工作，店長看他形象不佳、一幅窮小子的模樣，便婉言回絕了他，說：「我們這裡暫時不需要人手。」

但為了生計，不久，貝爾又一次找到了店長，懇切地要求能給他一個機會，看到店裡的廁所衛生不佳，他自告奮勇地說：「能不能把打掃廁所的工作，讓我來做，我能做得更好。」

也許在別人看來，打掃環境是一件很卑微、甚至很丟臉的工作，但貝爾卻十分珍惜這來之不易的工作機會：每天早上，天還沒亮，他就會爬起床來，把廁所衛生來個徹底大掃除。每隔一段時間，不管廁所是不是乾淨，他都會去維護一下，打掃一遍。他對打掃廁所這份工作幾乎到了痴迷的程度，有一次半夜，有人上廁所時，竟看到貝爾睜著惺忪的眼睛，在檢視廁所是不是被弄髒了！

除了維持廁所的正常清潔外，貝爾還努力進行創造性的工作，他在廁所周圍擺放一些花草，在顧客就廁時能夠感受一種美的享受；他還把一些經典的名言警句寫了貼在牆上，讓顧客方便時，能感受一種文化的氣息。由於他的到來，廁所的衛生狀況大為改觀。有人甚至高興地評價說：「那個廁所要比那些不太講究的餐廳還要乾淨。」

3 個月後，店長正式宣布錄用貝爾，並安排他在店內的各個職位鍛鍊。19 歲那年，貝爾成為澳洲最年輕的店面經理。他先後擔任過麥當勞澳洲公司總經理，亞太、中東和非洲地區總裁，歐洲地區總裁以及麥當勞芝加哥總部負責人，直到後來擔任全球麥當勞事務的執行總經理，負責管理全球 118 個國家 3 萬多家餐廳的營運管理。

2. 執行，目標能否實現的關健

有這樣一個故事：某大型企業因為經營不善而破產，幾經波折，後來被日本一家公司收購。廠裡的人都翹首以待，看精明的日本人能拿出什麼高招來。

出乎大家意料的是，日本只派了幾個人來，替換了財務、人力、技術等幾個核心部門的高階管理人員，其餘的「外甥打燈籠，照舅（舊）」。日本人特別強調一點：

將先前的制度堅定不移地執行下去，確保不走樣、不變形。結果同樣出乎大家的意料，不到一年，這家企業就轉虧為盈，實現良性發展了。

同樣的一個工廠，為什麼差距就這麼大呢？其核心和祕訣就在於執行力。國內外的眾多研究顯示，執行力是決定事業成敗的重要因素。一分規畫，九分執行。沒有執行力，就會失去長久生存發展的基礎。列寧說過「一打革命綱領，不如一個具體行動。」

工作中出了問題，一些領導者常將其原因簡單歸結為執行不夠準確，事實上，執行不夠準確的根源在於領導，而不在於下屬。主要原因有三點。

一是方案本身不具有可行性。有些想法看似完美，如同霧裡看花、水中望月，但卻缺乏執行的基本條件，存在著一定的空想主義。柳傳志曾經說過：「做企業，要有理想而不理想化。」

二是方案安排部署得不明確，存在一定的模糊性。一些領導者安排工作，喜歡用「迅速辦理」、「馬上去辦」、「酌情辦理」這樣的模糊用語，缺乏準確的量化指標，下屬對指令的理解不同，執行的結果自然大相逕庭。如果將時間、數量、品質要求貫穿於下達的指令之中，比如「限你於今天上午 12 點之前，把 10 份裝訂好的資料，送到我辦公室」，短短一句話，包括了確切的時間、數量和品質要求，經辦者立刻在頭腦中就有了明確量化概念，執行效果就會好許多。還有一些領導者在安排部署工作時，不明確具體部門和人員，籠統地要求相關部門和人員酌情處理，同時安排「九龍治水」，也容易導致推諉塞責，出現「三個和尚沒水喝」的局面。

三是在方案層層落實過程中沒有進行有效的跟蹤督導。有一種說法是：在訊息自上而下的傳遞過程中，訊息不是一個恆量，是不斷衰減的。領導者所要傳遞的訊息中，只有 80%能夠真正表達出來；所表達出來的訊息中，下屬只能聽懂 80%；聽懂的訊息中，能夠真正理解的只有 80%；理解的訊息中，能夠真正接受的只有 80%。同樣，接受的只有 80%能落實，落實的只有 80%能夠符合要求，符合要求的只有 80%能夠產生你所要的績效……最終的結果，只有 26%。如何發揚踏石留印、抓鐵有痕的精神，抓住關鍵環節，瞄準死穴，善始善終，善做善成，打破訊息衰減規律的束縛，也是領導者應該考慮的關鍵問題。

三、培養良好習慣，從今天做起

傑克．坎菲爾（Jack Canfield）說過：「如果你希望出類拔萃，也希望生活方式與眾不同，那麼，你必須明白一點——是你的習慣決定著你的未來。」習慣對於一個人的影響是巨大的，它能決定你的未來和命運。千里之行，始於足下，養成良好的習慣，最好的時機就在今天。

1. 習慣的力量是巨大的

英國著名生物學家達爾文（Charles Robert Darwin）說過：「習慣的力量是如此巨大，這恐怕是早已眾所周知的事情了。」有這樣一個故事，也可以說明人是習慣性動物，習慣在不知不覺中影響著人們的行為。

一位沒有繼承人的富豪死後將自己的一大筆遺產捐贈給遠房的一位親戚，這位親戚是一個常年靠乞討為生的乞丐。這名接受遺產的乞丐，一不小心被天上飛來的巨財重重地砸了一下，立即身價一變，成了百萬富翁。這一事件很快成為社會的新聞事件，狗仔隊便來採訪這名幸運的乞丐：「你繼承了遺產之後，最想做的第一件事是什麼？」乞丐脫口回答說：「我要買一個好一點的碗和一根結實的木棍，這樣我以後出去討飯時，能夠方便一些。」

曾獲諾貝爾經濟學獎的道格拉斯．諾斯（Douglass Cecil North）提出的「路徑依賴」原理認為，路徑依賴類似於物理學中的「慣性」，一旦進入某一路徑（無論是好的，還是壞的），就可能對這種路徑產生依賴。某一路徑的既定方向會在以後的發展中得到自我強化。人們過去做出的選擇決定了他們現在及未來可能的選擇。好的路徑會對企業造成正回饋的作用，透過慣性和衝力，產生飛輪效應，企業發展因而進入良性循環；不好的路徑會對企業造成負回饋的作用，就如厄運循環，企業可能會被鎖定在某種無效率的狀態下而導致停滯。而這些選擇一旦進入鎖定狀態，想要脫身變得十分困難。

據調查顯示，人們日常活動的90%源自於習慣和慣性。一個兒童大約需要兩週就可以培養一個好習慣，但是隨著年齡的增長，可塑性會逐漸下降，改變一個習慣需要21天。這種說法具有一定的道理，甚至得到了某些研究數據的支持，反映了習慣的力量具有頑固性。而且越早養成的習慣，重複的次數越多，就越難以改變。

2. 培養好習慣，決勝大未來

習慣對人的影響是巨大的，它既能載著你走向成功，也能馱著你滑向失敗。

俄羅斯教育家烏申斯基（Konstantin Ushinsky）說過：「良好的習慣是人在其思維習慣中所存放的道德資本，這個資本會不斷成長，一個人畢生可以享受它的『利息』。」同時，他還說：「壞習慣在同樣的程度上就是一筆道德上未償清的債務，這種債務能以其不斷增加的利息折磨人，使他最好的創舉失敗，並把他引到道德破產的地步。」

「人生的扣子從一開始就要扣好。」好習慣對人的成功來說至關重要。為了驗證好習慣與天賦對人成功的關聯度，芝加哥大學班傑明．布魯姆博士（Benjamin Samuel Bloom）展開了一項針對傑出學者、藝術家以及運動員的研究，前後歷時長達 5 年之久。最終的研究結果證明，不是天才和天賦造就了這些原本普通人士的傑出成就，而是堅韌不拔的好習慣，即不畏挫折和失敗，勇於迎難而上，在實踐中不斷追求卓越，讓他們變得更有教養、更有知識、更有能力，顯得與眾不同。

良好的行為習慣不是天生就有的，而是在長期的生活裡逐漸形成的，正如教育家葉聖陶先生所說的，教育就是習慣的培養。我們必須主動出擊，做出積極改變，努力養成良好的工作、學習和生活習慣，梳理改正身上的不良習慣，勿以善小而不為，勿以惡小而為之。伴著你壞習慣的改掉，好習慣的養成，你的生活就開始向好的轉機，時間久了，長期量的累積會產生質的飛躍，就會發生翻天覆地的變化。

曾經有這樣一個故事，有一天，古希臘大哲學家蘇格拉底（Socrates）對學生們說：「今天我們只學一件最簡單也是最容易做的事。每人把手臂盡量往前甩，然後再盡量往後甩。」說著，蘇格拉底示範做了一遍：「從今天開始，每天做 300 下，大家能做到嗎？」

學生們都笑了。心想，這麼簡單的事，有什麼做不到的？過了一個月，蘇格拉底問學生們：「每天甩 300 下，哪些同學堅持了？」有 90%的同學驕傲地舉起了手。又過了一個月，蘇格拉底再問，這時堅持下來的學生只剩 8 成。

一年過後，蘇格拉底再次問大家：「請告訴我，最簡單的甩手運動，還有哪幾位堅持了？」整個教室僅一人舉起了手。這個學生就是日後成名的古希臘另一位大哲學家柏拉圖。

案例：良好的習慣決定一個人是否能成功

職業生涯很長，對企業而言，它需要你成為一個專才，但從職業發展來看，你需要成為一個全才，方能適應社會的變化。阻礙你成為全才的不良習慣有很多，有時候我們喜歡趨吉避凶，拖延症更是讓自己定下來的目標難以實現。從現在起，你要努力去尋找各種讓自己變得不舒服的環境、習慣，別害怕痛苦，伴隨著痛苦的出現，才會有成長的空間。

這個世界上有兩種人，一種人是強者，一種人是弱者。強者為自己找不適，弱者為自己找舒適。想要變得更強，就必須要學會強者的必備技能，那就是讓不適變得舒適。

如果你學會了這種技能，你可以搞定很多事情，例如克服拖延、健身、學習新語言、探索未知領域等等。但是很多人都傾向於迴避這種不舒適，畢竟沒有一件事情是簡單的，都需要付出很多努力，忍受很多痛苦，甚至是讓自己遍體鱗傷。

我以前一直覺得我們應該讓自己舒適一些，但是後來我明白有一些不適有時並不是件壞事。事實上，你可以學會享受這種不適，例如，我每天都會做一些力量訓練，雖然這點不適不會嚴重到令我討厭的地步，但是人就是這樣的，能逃避的困難，我們總能找到藉口。我制定計畫表格，讓這點不適參與我的生活，形成一種習慣。每當我完成 15 個引體向上，就會在引體向上那一欄寫上 15，每個月我都會換新的紙張，並總結上個月的情況。不經意間，幾個月時間我已經做了 1,000 個引體向上了。

我發現任何只要是有一點不適的事情都是可以訓練的，我們可以將一件不適的事情變成一種習慣，然後你會離不開它，覺得這點小痛苦其實是平淡無奇生活中的一種調味料。這件事由不適變得舒適，良好的習慣就是這樣養成的。

具體的方法如下：

找到一件你想做的事情，這件事情會讓你有點小不適，但是做成了以後你會收穫很多。例如，健身。

你可以把這件事情分解成 1,000 個獨立的事件，要確保每個事件都在你能容忍的不適程度內。你可以先測試一下你盡全力最大的容忍程度，然後減去 20%，從這個值開始。例如，我想要做 10,000 個引體向上，那麼分成 1,000 份，就是每次 10 個。

開始去做，並且不要強迫自己，把它當作一種樂趣去挑戰。隨著你的能力增強，逐漸增加分量，例如一個月後，你可以做到 15 個，3 個月後，你可以做到 25 個。

所以，10,000 個看似需要 1,000 天才能完成，事實上，你可能 9 個月就搞定了。

這個方法的精髓在於把一個很大的痛苦分解成 1,000 份小不適，然後將它融入每天的生活中，培養成習慣，將不適轉變成舒適。

我們可以透過上面的這種方法，對自己的能力進行提升，改變一些壞習慣，培養一些好習慣。

1. 改掉拖延的習慣。我們為什麼要拖延，主要原因在於我們要做的事情令我們感到不適。所以，我們的頭腦會產生各式各樣的藉口和誘惑，來促使我們去做更容易的、更舒服的事情。當我們把一件事情定義為「不舒適」的時候，我們會本能地不想去做它，想方設法拖延到明天。

但是，如果我們能夠把這種痛苦分解成 1,000 份，變成可以忍受的程度，那麼事情就變得容易了。我們可以制定一個表格，叫做「戰勝拖延」。每次有想要拖延的想法的時候，就立刻去做，完成任務之後就在表格上 +1，當完成 1,000+ 的時候，拖延的習慣就根除了。

2. 養成健身的習慣。我們不去健身是因為感到不舒適，但是如果每次有意識地讓自己承受一些不適，會逐漸提升自己的忍耐力，一旦養成一種習慣，我們會依賴於這種不適帶給自身的有利刺激，讓自己感到更有活力。

3. 養成閱讀的習慣。沒有閱讀習慣的人會把讀書看成是一件很痛苦的事情。

如果你能夠建立一個表格，每讀完一個章節就在上面寫上 +1。逐漸養成習慣以後，改成閱讀一本書寫上 +1，你會發現一個月你甚至能夠讀上 5 本書。然後閱讀會變得不再痛苦，而成為一種習以為常的事情。當你能夠跟別人談起你閱讀的著作以及你的看法，會是一件很有成就感的事情。

4. 養成早起的習慣。要培養早起的習慣首先要為自己設定一個早起的目的。

而且這個目的會讓你很期待第二天的早晨快點到來。如果你是一個愛吃的人，不妨睡前準備好一頓豐盛的早餐食材，等早上起床為自己做一頓很好吃的早餐。

我設定給自己的早起目的是玩半個小時遊戲（很神奇吧），這對我來說很有吸引力。於是，如果我想要 6 點半起床，那麼我會把鬧鐘定在 6 點，然後快速起床，開機時間我會搞定刷牙洗臉，然後熱一杯牛奶，一邊打遊戲，一邊聽著英語廣播。

透過這個方法，我將不適轉換為舒適，讓本來很難的事情變得容易而且備受期待。

5. 養成寫作的習慣。讀書再多，如果不寫出來，就無法成為自己的東西。如果不能向別人說出來，就不能得到修正與回饋，也無法知道自己的觀點是處於什麼樣的水準。

寫作是一個整理自己想法的很好的工具，將平時閱讀中的論點整理出來，加以思考，總結成自己的話語。這樣，邏輯能力和思考能力就會逐漸加強。當然，寫作是件痛苦的事情，你需要整理自己的思緒，並且組織語言將它們表達出來。而且，當你對著電腦的時候，還要排除各種雜事的干擾，這對專注力也是一種鍛鍊。

案例：卡內基成功之道之四種良好的工作習慣

讓我們暈頭轉向的，並不是工作的繁重，而是我們沒有搞清楚自己有多少工作，該先做什麼。

第一種良好的工作習慣：消除你桌上所有的紙張，只留下和你正要處理的問題相關的。

著名詩人波普（Alexander Pope）曾寫過這樣一句話：「秩序，是天國的第一條法則。」秩序也應該是生意的第一條法則。但是否如此呢？一般生意人的桌上，都堆滿了可能幾個禮拜都不會看一眼的檔案。一家紐奧良報紙的發行人有一次告訴我，他的祕書幫他清理了一張桌子，結果發現了一部兩年來一直用不著的打字機。

光是看見桌子上堆滿了還沒有回的信、報告和備忘錄等，就足以讓人產生混亂、緊張和憂慮的情緒。更忙的事情是，經常讓你想到「有一百件事情待做，可是沒有時間去做它們」，不但會使你憂慮得感到緊張和疲倦，也會使你憂慮得患高血壓、心臟病和胃潰瘍。

第二種良好的工作習慣：按事情的重要程度來做事。

創設遍及全美的市務公司的亨瑞．杜哈提說，不論他出多少錢的薪水，都不可能找到一個具有兩種能力的人。

這兩種能力是：第一種是能思想；第二種是能按事情的重要程度來做事。

我由長久以來的經驗知道：一個人不可能總按事情的重要程度，來決定做事的先後順序。可是，我也知道，按計畫做事，該做的就得去做，不要遲疑不決。

第三種良好的工作習慣：當你碰到問題時，如果必須做決定，就當場解決，不要遲疑不決。

第四種良好的工作習慣：學會如何組織、分層管理和監督。

3. 健康身體是 1，其餘都是 0

歷史上也有不少英雄豪傑，由於身體不支，最終導致事業半途而廢，甚至英年早逝，讓人吁嘆不已。「出師未捷身先死，長使英雄淚滿襟」說的就是這個道理。

在三國演義中，神計妙算的諸葛亮最終敗給了司馬懿，他們兩人最後的比拚，與其說是智謀的比拚，倒不如說是身體的比拚。諸葛亮一生謹慎，大小政務都身體力行，事必躬親，再加上吃食簡單，生活習慣不好，這無疑加快了他衰老的速度。

曾有一次，司馬懿詢問諸葛亮派來的使者說：「孔明寢食及事之煩簡若何？」使者答曰：「丞相夙興夜寐，罰二十以上皆親覽焉。所啖之食，日不過數升。」司馬懿便告訴帳下的諸將說：「孔明食少事煩，其能久乎？」不久，諸葛亮便病逝於五丈原。

健康的身體是 1，金錢財富等其他的一切都是 0。強健的體魄是擔當大任的資本，沒有了健康的身體，一切都是霧裡看花，水中望月，竹籃打水一場空。

生命在於運動。日常工作中，有些領導者藉口工作繁忙，所以沒時間進行體能訓練。這是一種認知上的失誤。能不能堅持體能訓練是個觀念問題，與時間無關。有運動的觀念，越忙越應該擠出時間鍛鍊；沒有運動的觀念，再閒也不會有運動的時間。鍛鍊身體其實很簡單，就是把健身計畫放在你的日程表中，成為你工作和生活的一部分，不一定非得報健身班、去健身房，步行上下班、到附近大學打打球等，都可以實現強身健體的效果。

四、

讓學習成為生活的一部分

知識就是力量，是才華和見識的基礎。沒有知識作為基礎和支撐，思考力、判斷力、洞察力、應變力、創造力等都無從談起。

知識淵博可以有效拓展視野，豐富自己的內涵和人格魅力，為人生發展提供一對騰飛的翅膀。而知識的來源就在於學習，比別人更快一步的學習。學習不能決定你人生的起點，但一定會決定你人生的終點，拒絕學習就是拒絕發展和進步，是人生中最愚蠢的事。

1. 學習改變命運，知識成就未來

坐飛機時，有這麼一個很有意思的現象：觀察 30 至 40 這個年齡的旅客，頭等艙的旅客往往是在看書學習，商務艙的旅客大多看雜誌、用筆電辦公，經濟艙則看報紙、電影、玩遊戲和聊天的較多。在機場，貴賓廳裡面的人大多在閱讀，而普通候機區全都在玩手機。那麼，到底是人的位置影響了行為呢，還是行為影響了位置呢？至少有一點是可以肯定的，學習影響了你的生活方式，左右著你的前途和命運。

學習改變命運，知識成就未來。人與人之間的智商是相差無幾的，卓越與平凡的核心區別往往展現在學習的意願和能力方面。古人講，人的一生順利不順利，能不能成就一番事業，主要由以下五方面決定：一命、二運、三風水、四積德、五讀書。命、運、風水似乎是無力改變的事，只有積德和讀書可以憑主觀努力改變，而讀書可以明智達禮，還能改變一個人的命運風水甚至骨相。曾國藩說：「讀書可以改變一個人的骨相，也只有讀書能夠改變。」從這個意義上說，讀書能影響一命二運三風水四積德，助你人生順利，事業發達。

中華民族是一個崇尚學習的民族。「孔子學而不厭」、「顏回以學為樂」、「孟子隨母三遷而學」的故事千古傳頌，「鑿壁偷光」、「映雪囊螢」、「懸梁刺股」的勤學範例婦孺皆知，聖賢們勸學的名言警句字字珠璣、振聾發聵。

讀書無需太多投入，不必講究環境條件，有一本書，坐一塊石頭上或一片草地上，帶著自己的思考，就足夠了。

常聽到有人說工作忙沒時間讀書，理由看似充分，實則是一種託辭。這裡的關鍵，是要把閱讀當作一種生活習慣來培養，當作一種精神需求來滿足，當作人生進步的階梯去攀登。一個人如果心無定力，終日為應酬吃喝所累，為聲色犬馬所迷，為身外之物所惑，為人情世故所困，那就永遠不會收穫閱讀的喜悅和成就。

海倫·凱勒（Helen Adams Keller）說：「一本好書像一艘船，帶領我們從狹隘的地方，駛向無限廣闊的生活海洋。」我們需要讀的「好書」有很多，需要闖過的「狹隘的地方」也有不少，只要我們善於從人類創造的一切先進文明成果中吸取智慧和營養，努力站在巨人的肩膀上學習、思考和創造，就一定能夠駛向「更好的教育、更穩定的工作、更滿意的收入、更可靠的社會保障、更高水準的醫療衛生服務、更舒適的居住條件、更優美的環境」——這些「無限廣闊的生活海洋」。

2. 學習只有進行時，沒有完成時

聯合國教科文組織曾經做過一項研究，結論是：資訊通訊技術帶來了人類知識更新速度的加快。在18世紀時，知識更新週期為80至90年，19世紀到20世紀初，縮短為30年，1960到70年代，一般學科的知識更新週期為5至10年，而到了1980-90年代，許多學科的知識更新週期縮短為5年，而進入21世紀時，許多學科的知識更新週期已縮短至2到3年。

在快速變化的資訊爆炸時代裡，知識老化速度越來越快，平均每年都有30%的知識折舊率。要適應日趨激烈的社會競爭需要，只有像賈伯斯那樣，保持求知若渴、虛心若愚的學習心態，不斷地進行學習，學習，再學習，而且學習速度要比別人快一點，讓學習成為一種生活方式，才能提升自己的勝任力。賈伯斯甚至說：「我願意把我所有的科技去換取和蘇格拉底相處的一個下午。」其求知若渴的態度由此可見一斑。

在校讀書只是一個人全日制教育的結束，不論學業成績多麼優秀，甚至是「學霸」（刻苦學習、學識豐富，並在某一領域確實取到某些成績的人），它帶給你的知識都是有限的，而且很快就會變質過期發霉，很快就 OUT 的。

學習是一個永恆的話題，是人一輩子的事，只有進行式，沒有完成時。

3. 學習是一件快樂的事，一項回報率最高的投資

孔子說：「學而時習之，不亦樂乎。」學習是一件十分快樂的事，陶醉於學習之中，可以品味「閒坐小窗讀周易，不知春去已多時」的意境，可以充實精神，陶冶心靈，讓自己的靈魂得到寧靜，讓你具備一種特別的抵禦寂寞的能力。

學習的目的不是為了功利，但持續學習帶來的好處卻是源源不斷的。從專案投資的角度來看，學習是一項零風險、投資報酬率最高的專案。讀書學習時，只需投入一個漢堡的錢，就可以得到作者在一個時期內的全部心血和成果。學習的收益週期也是最長的，一次投入，終生受益，永不過期變質。亞里斯多德說，學習知識是為老年準備的最好的食糧。

宋朝皇帝趙恆著作的〈勵學篇〉，講的就是讀書學習的種種好處：

富家不用買良田，書中自有千鐘粟。

安居不用架高樓，書中自有黃金屋。

娶妻莫恨無良媒，書中自有顏如玉。

出門莫恨無人隨，書中車馬多如簇。

男兒欲遂平生志，五經勤向窗前讀。

4. 學習就在工作生活中

學習，就在工作中。相比於在校學習，在職場和社會的學習任務更艱鉅、更繁重。根據估算，人們所學的 80%都是在工作期間，以正式或非正式的方式獲得，不管課堂教學有多麼大的作用，永遠也比不上從實踐經驗中累積的知識。初入一家公司，你需要學習公司的規章制度、了解公司的產品和服務、掌握市場行情和競爭對手情況、熟悉客戶心理等，同時，還要盡快融入團隊，融入公司企業文化，學會與同事溝通，做好合作配合；進而還要了解公司的競爭策略和發展規畫。當你走上管理職位、領導職位後，你會發現團隊建設、策略制定、目標下達、人際溝通等，都需要全方位地進行學習改造。

隨著你領導職位的提升，你掌握了更多的資源，面臨的挑戰也更大，高處不勝寒，此時，你可能會愈發感受到：知識是無窮的，人是渺小的，一個很小的細分領域，只要深入地研究下去，做到極致，裡面都有無窮的學問。「百戰歸來重讀書」，是另外一種美好的意境。

學習就在生活裡。孔子說：「三人行，必有我師焉。」我碰到的每一個人，在某些方面，都比我優越，我都要跟他們學。一個人一生的成就，取決於你和什麼樣的人在一起；一個人的品味，取決於你身邊朋友的層次和水準。要想快速有效地學習別人的優點，最好的方式就是和高人站在一起，與高人交朋友，你的層次自然就會水漲船高。「高手仙人點路，勝你十年苦讀」就是這個道理。

曾子曰：「吾日三省吾身。」卓越的領導者往往特別善於自省，向自己學習，把每一次失敗的經歷都當成絕佳的學習機會，不會在同一個地方跌倒兩次。

運動員學習的一種重要方式，就是反覆播放錄影，向自己學習，從不同的角度來觀察並分析比賽，以改善團隊的實戰績效水準。圍棋中有一個術語，叫「復盤」，真正的專業選手，在下完棋之後，不是一走了之，而是要「復盤」，把整個過程再重新演示一遍，向自己學習，總結經驗和不足，避免下一次走棋時犯同樣的錯誤，從而提升自己的棋藝水準。

麥考和隆巴度曾撰寫了一份研究報告，專門分析那些原本可以晉升到組織頂層但最終卻失敗的高階管理人員們。研究者將這些失去晉升機會的人和那些獲得公司高層職位的人相比較，他們的研究結果帶給了我們一些相當有價值的啟示。報告顯示，這兩種人所犯的錯數量是差不多的，但未能晉升的這群人通常不會把錯誤或失敗視為學習的機會。他們會隱藏這些錯誤或失敗，也不會警告同事關於這些錯誤或失敗可能造成的損失和影響。他們並沒有立即採取行動進行修正，而是傾向於暗自隱瞞住這些錯誤或失敗，而這通常會在多年以後爆發。

而能在企業內不斷晉升的人則會有完全不同的做法。他們會立即承認這些錯誤，並且警示同事可能有的後果，同時盡力修正錯誤。之後，便將這事完全拋在腦後，繼續拓展他們的職業生涯。研究也證實了，無法從錯誤中學習是導致領導者失敗的最大原因。

1960 年代中期，美國通用公司一位年輕的工程師獨立負責一項新塑膠的研究。正當這位工程師躊躇滿志地準備大幹一場的時候，不幸的事情發生了：實驗研究的裝置突然爆炸，3,000 多萬美元的實驗裝置連同廠房瞬間化為灰燼。面對爆炸後一片狼藉的現場，年輕的工程師精神瀕臨崩潰。他想：自己在通用的夢想和歷史就此結束了。他非常沮喪、非常忐忑不安地接受通用總部派來的事故調查高級官員的談話。但讓他沒有想到的是，這位高級官員問他的第一句話是：我們從中得到了什麼沒有？年輕工程師先是一驚，然後回答：得到了，我們這個試驗走不通。調查官員說，這就好，可怕的是我們什麼也沒有得到。一場驚天動地的「重大事故」就這樣解決了。這位年輕工程師就是日後帶領美國通用公司實現 20 年高速成長、被譽為世界第一 CEO 的傑克‧威爾許。

5. 成員素養前進一小步，團隊素養提升一大步

卓越的領導者不僅自己長期堅持學習，把學習視為一種生活方式，還率先垂示，影響和帶動團隊成員進行學習，積極推進學習型組織建設，促進全員素養的提高。據權威機構統計，目前美國排名前 25 家企業中，有 80%按照「學習型組織」的模式改造自己；世界排名前 100 家企業中，有 40%按照「學習型組織」的模式在進行徹底性改造。聯想成長的過程就是能夠不斷向更優秀企業學習的過程，他們開始學習惠普，後來是 IBM，現在是蘋果。三星甚至說：「索尼是神，我要仰視。」

彼得‧杜拉克說：「最好的領導者是最好的學習者，但他們也是最好的老師。他們熱愛把自己的知識和經驗傳授給他人。而在這個過程中，他們自身也學到了不少東西。」借用第一個登上月球的太空人阿姆斯壯（Neil Alden Armstrong）留下的世紀名言「我現在邁出的是一小步，但在人類歷史上卻是一大步」，團隊成員每個人的素養前進一小步，整個團隊的素養就會提升一大步。

6. 培養核心優勢，修補人生缺點

一個國家離不開自己的核心優勢，否則就要受人壓制，無法成為一個有重要影響的大國。一個企業離不開自己的核心優勢，否則無論規模有多大，也會很容易被競爭對手複製、超越，就會在激烈的市場競爭中一敗塗地。

領導者透過加強學習，在個人優點的基礎上，培育自己的核心優勢，更容易獲得他人正面的獎勵和讚賞，這也是提升領導力的有效捷徑。經驗顯示，領導者在某件事上有傑出的表現，將會對你的其他素養產生一種「月暈效應」，你的追隨者會因此認為你在「許多事」甚至「很多事」上都會有傑出的表現。

當然，如果你認為自己具有某些「致命缺陷」，也必須馬上行動進行修正。事實上，在許多情況下，注意缺點是絕對正確的行動。美國管理學家彼得的「木桶理論」認為，要使此木桶盛水量增加，只有換掉短板或將短板加長才成。

約翰．H．曾格（John H. Zenger）、約瑟夫．R．福克曼（Joseph R. Folkman）的研究顯示：在對數據庫中 11,129 位領導者的 16 種素養進行評定後，有 30%的領導者具有一到兩處潛在的致命弱點。

所謂的潛在致命弱點是指那些使領導者的整體效能降到第 10 百分位以下的行為。

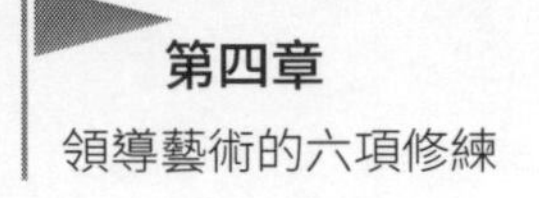

我們發現，平均而言，如果領導者有一個以上的致命弱點，領導者的整體領導效能會下滑到第 18 百分位。那些僅有一處潛在致命弱點的領導者，整體領導效能則在第 37 位；而擁有兩處潛在致命弱點的則會降到第 27 位，三處則直接下滑到第 22 位。潛在致命弱點對整體領導效能有嚴重的負面影響。

透過案例研究和定量分析，約翰·H·曾格、約瑟夫·R·福克曼發現，同時專注於「發展優勢」和「修補弱勢」的領導者，他們的整體領導績效提升了 36%，而只專注於「修補弱勢」的領導者，他們的整體績效僅提升了 12%。這說明，兩種方法對於提升績效都有效果，但是前者的促進作用更為明顯。

五、

勇於嘗試，風雨後見彩虹

再好的想法不付諸行動都是零，敢試是成功的第一步。面對風雲變幻的格局，只有以變制變，在變革中求生存、謀發展。風險無處不在，領導者要樹立永遠如履薄冰、永遠戰戰兢兢的憂患意識，勇於在大風大浪中磨練自己，相信風雨過後就能見彩虹。

1. 成功從敢「試」開始，吻很多青蛙才能找到真正的王子

佛經上有這樣一個故事：西蜀邊境有兩個和尚，一個窮和尚，一個富和尚，兩人都想去南海朝聖。

有一天，窮和尚對富和尚說：「大哥，我明天就要到南海去拜觀音，你覺得如何？」富和尚把嘴一撇，嘲諷般地說道：「南海那麼遠，我已經準備好幾年了，想買艘船、準備好足夠的盤纏到南海去，因條件不完全具備，都沒去成，你一個窮光蛋，靠什麼去呀？」窮和尚卻說：「我帶件換洗衣服，拎個缽盂，就可以去了。」

富和尚撇撇嘴：「你可真是夠天真的呀！就這樣你根本去不了。」

結果，一年之後，窮和尚從南海回來了，富和尚很慚愧，就問道：「你這麼窮困，究竟是靠什麼去了南海的？」窮和尚答道：「我不去南海，心裡就難受。我每走一步，就覺離南海近了一步，心裡就安寧一些。你這個人個性穩重，不做沒有十成把握的事，所以，我回來了，你還沒有出發。」

這個故事說明了不管條件如何，你嘗試做了，就有成功的希望和可能；不做，就永遠是零，只能看著別人成功。

彼得·杜拉克說：「把才華應用於實踐之中 —— 才華本身毫無用處。許多有才華的人一生碌碌無為，通常是因為他們把才華本身看作是一種結果。」紙上得來終覺淺，絕知此事要躬行。領導是一門實踐的學問，一個人，不管擁有多少智慧和才華，如果不應用於實踐，就十分蒼白無力，只能是霧裡看花，水中望月。

每一次經歷和實踐，不管成功與否，只要從中學到了經驗，吸取了教訓，就是有價值的，都有利於個人的成長。著名導演馮小剛曾經說過，「人一生不會因為你做了很多荒唐事而後悔，倒會因為一件事，你特想做而沒做而後悔。」麥可·喬丹（Michael Jeffrey Jordan）認為：「我可以接受失敗，但絕不能接受自己都未曾奮鬥過。」

2. 世界時刻在變化，唯有以變制變

1997 年，布萊爾（Tony Blair）代表已經在野 20 年的英國工黨贏得大選出任英國首相，不斷有人問布萊爾這樣一個問題：為什麼這麼長的時間裡，英國工黨一直在野？布萊爾總是用一句話來回答：「很簡單，世界變了，而工黨沒有變。」

2008 年，歐巴馬靠「變革」贏得了大選，成為美國歷史上第一位黑人總統。

當時正逢金融危機，他在競選演講中反覆強調的一個關鍵詞就是：Change（變革）。

年富力強、外貌俊朗的歐巴馬無疑為人們帶來了變革的希望，選民滿懷期待地將選票投給了歐巴馬，希望他能帶領美國人民走出困境，創造新歷史，書寫新未來。

英國政治家拉斯基（Harold Joseph Laski）說：「如果我們的體制不允許重大變革，就一定會導致暴力革命。」世界時刻在變化，唯一不變的是一切永遠在變化。變化是客觀的、絕對的，而不變是主觀的、相對的。當時過境遷，外部環境發生急遽變化時，昔日的成功模式就是刻舟求劍，就可能成為今日的桎梏。尤其是今天這樣一個大變革的時代，對付變化的辦法只有一個，就是因時而變，以變制變，以創新求生存、謀發展。「窮則變，變則通，通則久」。

心理學家勒溫（Kurt Zadek Lewin）說：「如果你要真正了解一個組織，最好的方法是在組織內引發一場變革。」發起恰當的變革是提升領導效能的一種有效發展活動，它需要仔細設計、落實執行，讓變革真正發生。不管變革的內容是簡單還是複雜，一項完整而具有成效的發展流程應包括參與變革的策畫、預測變革可能的結果，接著執行這項變革，最後評估執行成果。再將最後結果與預期結果做比較，並找出造成兩者差異的原因，這才是真正的學習和發展方法。

3. 走新路，將會獲得更多的獵物

一位年輕有為的砲兵軍官上任伊始，到下屬部隊參觀炮團演習，他發現了一個奇怪的現象：有一個班的 11 個人把大砲安裝好，每個人各就各位，但其中有一個人站在旁邊一動不動，直到整個演練結束，這個人沒有做任何事。軍官感到奇怪：「這個人沒做任何動作，他是做什麼的？」大家一楞，說：「在訓練教材裡就是這樣編隊的，一個炮班 11 個人，其中一個人站在這個地方。我們也不知道為什麼。」

軍官回去後，經查閱資料才知道這一個人的由來：原來，早期的大砲是用馬拉的，砲車到了戰場上，大砲一響，馬很容易受驚而失控，這時，就必須有一個士兵站在炮筒下，他的任務就是拉住馬的轠繩，防止由於馬的動作導致炮口方向改變，以減少再次瞄準的時間。到了現代戰爭，大砲實現了機械化運輸，不再用馬拉，而那個士兵卻沒有被減掉，仍舊站在那裡，成了一個「不拉馬的士兵」。從管理學的角度講，這位軍官發現並減掉了「不拉馬的士兵」，其實大大提升了管理效率，減少了資源浪費。這個軍官的發現受到了國防部的表彰。

紀德（André Paul Guillaume Gide）說過，很多人走過的路肯定最安全，但這條路不會有很多獵物。言外之意，吃別人嚼過的肉沒有味道，走前人未走過的路，會增加一些意外和風險，但也讓你遇到更多機會，獲得更多的獵物。在現代社會中，創新是競爭力的保證，是一個團隊持續發展、克敵致勝的原動力。有時候，一個看似簡單的創意，一旦應用於實踐，也可能會造成四兩撥千斤的效果。

1952 年，日本東芝電氣公司為大量的電扇庫存積壓而焦頭爛額。7 萬多名員工為了開啟銷路，想了很多辦法，均成效不大。有一天，一名普通職員向時任董事長石阪提出了改變電扇顏色的建議。當時，全世界的電扇全部是黑色的，當然東芝生產的電扇顏色也不例外。這名職員建議將黑色改為彩色，用色彩斑斕的電扇吸引客戶。這一建議受到了石阪董事長的高度重視。

經過研究，公司採納了這條合理化建議。第二年夏天就推出了一批淺藍色的電扇，投放於市場，結果大受顧客歡迎，甚至出現了排隊搶購的熱潮，幾個月之內，就賣出了幾十萬臺。從此以後，在日本，以及在全世界，電扇就不再是一副統一的黑面孔了。

沒有任何人規定電扇必須是黑色的，但是代代相傳，就會形成一種慣例、一種傳統，反映在人的頭腦中，就是一種心理定勢、思維定勢，認為電扇就應該是黑色的。時間越長，這種定勢對人的創新思維的束縛力就越強。思路一變天地寬，這個小職員看似簡單的創意，似乎沒有多大的技術含量，卻能扭轉乾坤，取得的效益竟是如此巨大。

當前社會已經全面進入網路時代，不是對手的成了對手，不是同行的成了同行，整個社會正面臨著全面的大洗牌、大調整的格局。面對更新換代、不斷加速的市場環境，新的競爭對手會隨時出現，老的競爭對手也可能隨時超越你而領先，導致你的全部業務遭到淘汰。在網路的時代，跨業的競爭更詭道，更致命。

領導者要勇於抓住巨變中蘊藏的巨大商機，否定自己曾經成功的路，大膽進行顛覆性的創新，實行彎道超車，勇於對團隊「動大手術」，而不是「頭痛醫頭，腳痛醫腳」，「舊瓶裝新酒」，這樣才不會 OUT，才是真正的王者之道。

「達維多定律」認為，一家企業要在市場中總是占據主導地位，那麼它就要永遠做到第一個開發出新一代產品，第一個淘汰自己的產品。透過不斷創造新產品，即時淘汰老產品，取得高額利潤。這種創新其實是很難能可貴的，因為一個人接受新觀點，其實並不難；難的是，忘掉或否定固有的觀點或習慣。

案例：三星、豐田彎道超車

韓國的三星電子公司創立於 1969 年，1997 年進入手機行業。在手機領域，三星一直以外觀設計多樣化著稱，在非核心技術上與西方大廠展開差異化競爭，等待彎道超車的機會。從 1997 年到 2010 年，三星等待了 13 年，直到智慧手機時代來臨，蘋果顛覆了傳統的手機行業，三星抓住機會推出大螢幕智慧手機，滿足了市場多樣化的產品需求，從此崛起為新一代的行業領導者。2013 年底，三星電子的市值達到了 1,914 億美元。

日本豐田汽車公司 1933 年脫胎於豐田自動織機製作所的汽車部，作為汽車工業的後來者，在戰爭中靠軍隊訂單取得了第一桶金，從此飛速發展。1966 年，按照「精益生產管理」模式，豐田公司推出低價經濟型車「Corolla」，大獲成功，從此奠定了其在日本汽車市場上的領先地位。1973 年和 1979 年的兩次石油危機，使得美國汽車市場發生了巨大的格局變化，大型車滯銷，經濟型節油小車暢銷，美國的汽車大廠一下子就懵了，豐田抓住契機，全力進軍美國，先後推出了專為美國市場開發的 CAMRY 和 LEXUS 車型，從此鯉魚躍龍門，成為世界最大的汽車公司。

4. 生於憂患，死於安樂，永遠不能放下的是危機意識

無論一個團隊取得多麼大的成就，都不能放下危機意識——哪怕片刻。當你舉辦慶功宴的時刻，也可能是你的競爭對手或敵人進攻你的最好時機；當你停下休息的時刻，可能你的對手正在悄悄地加緊追趕你。

一個領導者要時刻有一種危機意識，要有一種敬畏的心態，這樣才能擁有很強的自律性和主動性的意識，同時，還要主動地引入競爭和危機意識，保持一種創業者的心態。孫子兵法說：忘戰必危。忘記了存在的危機，任何組織就將陷入「溫水煮青蛙」的困局，不知不覺中已失去了自我逃生的能力。

當代不少官員和企業家的人生軌跡，往往是所謂的倒U字形，開始出身非常平凡，甚至是一貧如洗。走上社會之後，他們憑藉自己的才能，加上努力和機遇，平步青雲，得以迅速成長起來，走向了成功的高峰，達到了輝煌的地步。但是，一旦成功，這些人便開始有了一切在握的感覺，認為自己什麼都可以解決，認為自己無所不能，於是便開始失去了危機意識，失去了自制的能力，失去了應有的警醒，然而「月滿則虧，日中則昃」，得意的高峰就是失意的開始，最後的結果往往是一落千丈，有些甚至還鋃鐺入獄。

5. 不經歷風雨，怎能見彩虹

孟子在《孟子．告子下》中說：「舜發於畎畝之中，傅說舉於版築之間，膠鬲舉於魚鹽之中，管夷吾舉於士，孫叔敖舉於海，百里奚舉於市。故天將降大任於斯人也，必先苦其心志，勞其筋骨，餓其體膚，空乏其身，行拂亂其所為，所以動心忍性，曾益其所不能。」

人生如同一塊玉石，不經過磨難和歷練，終究是一塊石頭。人生中的許多風景注定要在彎路中才能深切地體會，生命也往往在挫折和失敗中能夠快速成長，失敗雖然是苦澀的，但能觸動人的心靈，催生的卻是成功，所以才有「失敗是成功之母」的說法。任何一個挫折，只要打不倒你，都將使你累積更多的經驗，在心理上變得更加堅強、更加成熟。從這個意義上說，人生最大的悲劇莫過於該吃苦的時間，卻選擇了安逸。

美國著名作家海明威（Ernest Miller Hemingway）說：「一個作家最大的不幸是擁有一個幸福的童年。」言外之意，當作家就要有豐富的經歷和挫傷。無獨有偶，俄羅斯天才電影導演謝爾蓋．帕拉贊諾夫（Sargis Hovsepi Parajanyan）的說法與海明威的觀點如出一轍，一位青年問他：「要成為一個偉大的導演，我還缺什麼？」他認真地想了想後，回答這位青年說：「你缺少一場牢獄之災。」人只有經歷磨難，才能更有深度地洞悉社會和人生，以獨特的視角來看待世界，才能創作出觸動人們心靈深處的經典之作。

對一個有理想、有追求、有文化累積、想從事創業的人來說，苦難經歷、崢嶸歲月就是人生中最寶貴的財富；但是，對缺乏理想、沒有追求、少文化累積、得過且過、少富即安的人來說，苦難就是苦難，苦難再多了就變成了災難。

案例：「打不死」的精神

失敗和逆境並不可畏，如果你相信自己仍然年輕。

美國人暱稱柯林頓（Bill Clinton）為打不死的小子（Comeback kid），他的太太，那位在 2008 年美國總統初選中與歐巴馬殺得難分難解並一直處於下風的希拉蕊（Hillary Diane Rodham Clinton），亦被傳媒戲稱為「打不死的女郎」（Comeback girl）。

柯林頓的資深幕僚大衛．格根（David Gergen）在其著作《美國總統的七門課》（*Eyewitness to Power*）中，形容柯林頓是自林肯以來鬥志最頑強及最有韌勁的一位總統。柯林頓對群眾以及身邊的人之最大魅力，就是每次被擊倒後，如白水事件、健保計畫被國會否決、陸文斯基（Monica Samille Lewinsky）醜聞以至國會彈劾等，都能微笑著重新站起。無論如何被現實及逆境擊倒，他都能夠再次起來，再次迎戰。

很多人都認為柯林頓只是運氣好，任內面對一個又一個的醜聞，沒完沒了，但他卻不但能夠連任，甚至做到任期結束，這是因為他僥倖碰上美國經濟持續發展，致使人民都對他十分寬容。其實，這是十分膚淺的看法。

柯林頓的這種領袖素養，與其童年成長經歷大有關係，他在其自傳《我的生活》（*My Life*）中，有清楚描述。

他說他的親生父親在他出生前便已去世，母親帶著他再次下嫁，但不幸後父卻是一個酒鬼，常常在家裡酗酒，虐打家人。他見過後父把母親按在地上毒打，甚至向她開槍！但柯林頓卻把家裡這個祕密，當作是自己生活中正常的一部分，無論自己多麼委屈、多麼不開心，都不會向旁人透露半句，哪怕是朋友、鄰居、老師或牧師。他沒有為了逃避而曠課逃學，選擇生活一切如常。

柯林頓的母親確實給他做了個重要示範，他回憶說：「我不知道母親是如何處理好這一切的，但每天早晨，無論夜裡曾發生過任何事，她都會起床打扮她那張勇敢的臉，那是一張了不起的臉……我喜歡坐在地板上望著母親畫著那張漂亮的臉。」

我相信就是這段童年經歷，幫助柯林頓訓練出堅毅的性格。既然母親可以在夜裡發生過恐怖的事後，明早仍然保持一張勇敢和美麗的臉，那麼，自己面對一些小小挫折，為何不能仍然保持一張笑臉？這就是長大了之後，每次被擊倒，柯林頓都能微笑著重新站起的原因。

柯林頓的幕僚格根亦分析，同一種領袖素養，與柯林頓早期從政的經歷也有密切關係。他在1978年，以32歲之齡，成為全美最年輕的州長，但在1980年尋求連任失敗，1982年卻東山再起，後來再度選上州長。在1992年，競逐民主黨總統提名的初選中，初期落後，但卻後來居上，到了獲得提名後，也同樣在總統選戰的初期失利，落後對手老布希，但最後仍能爆冷門鬥勝出。從中可見，從政之路，對於柯林頓來說，從來並不平坦。

在美國政壇中，有所謂「玻璃下巴」（glass jaws，拳擊術語，即那些抵不住對手一記老拳的拳手），來比喻那些小小打擊也受不了的政治人物。柯林頓和希拉蕊夫婦，能夠在江山代有才人出的美國政壇脫穎而出，自然不會是如此等閒角色。

一個人的真正人格和潛能，每每在他重重摔下之際，才最能顯現。邱吉爾這類政治領袖之所以偉大，也在於前者曾經三起三落，而後者亦在政海中四度浮沉。

每個人在學習去贏之前，或許應該先學習去接受輸。

失敗和逆境並不可畏，如果你相信自己仍然年輕。

六、修練領袖品格，贏得信任

領導者的信譽雖然看不見，摸不清，在資產負債表中也無法展現，但卻是價值無限的資產，是成就事業的基礎和保障。

蓋洛德和德拉普建立了一個十分有效的信任公式，這項公式包含了信任的所有因素，也解釋了為什麼信任會輕易地被腐蝕摧毀。

信任＝可信度＋可靠度＋親密度／個人利益

1. 說內行話，提升可信度

可信度是指人們對領導者的技術能力和專業知識的相信程度。「外行領導不了內行。」領導者可以不拘泥於細節，但對事物的本質要有正確的認知，能夠在紛繁複雜的工作中，一下子抓住主要問題，牽住牛鼻子，讓下屬信服，具有很強的分析和解決問題能力，就是我們平常說的「這個老闆很清楚」。

在領導實踐中，最怕的是「不知而作」，領導者自己不知道，又硬充內行，什麼事要都要指手畫腳，好像不這樣做就不能顯示領導的權威似的。這其實是最愚蠢的領導方式。

2. 領導當如山，提升可靠度

可靠度揭示了領導者展示能力水準的一致性和可預測性。有句話叫做「領導當如山」。山在那個地方，一言不發，但是你能感受到一種可以駕馭和控制局面、鎮得住場子的力量。傳統文化本質上是一種等級制的文化，在這樣的文化中，一定需要一個為人們所倚重的核心。對於領導者來說，最得體的舉止就是穩重，因為這最符合下屬對領導者的期望。

領導者要修心養性，切忌輕率躁動。蘇洵在〈心術〉中說：「為將之道，當先治心。泰山崩於前而色不變，麋鹿興於左而目不瞬，然後可以制利害，可以待敵。」身為一個卓越的領導者，應當首先修心養性，做到泰山在眼前崩塌了，你還面不改色；麋鹿在你身邊奔突，你眼睛眨都不眨一下，然後才能夠控制利害因素，才可以對付敵人。一個領導者不穩重，輕率躁動，就會失去威嚴。

領導者要謹慎地承諾，快速地行動，超值地兌現，做到言必行，行必果，樹立權威。領導者的權威來自於立信，信用也是生產力。著名經濟學家說過：「信用是現代市場經濟的生命。」領導者就好比汽車的方向盤，稍微一動，「牽一髮而動全身」，高速行駛的汽車就可能發生很大的震動。領導者要一言九鼎，丁是丁，卯是卯，說出來的話，要一句頂一句。朝令夕改是最容易招致下屬反感和厭惡的。

比爾蓋茲曾說過，「一旦我做出了決定，我絕不會回頭再去想第二遍，我是個做了決定就不會輕易改的人」。

人生就好比銀行信用卡，不斷地消費，按信用定期償還，銀行會根據你的信用級別不斷提高你的信用額度，這就是信任累積。領導者的信用也是不斷累積的，它會在領導者履行承諾的大小事務中，不斷提升你在下屬心目中的信用級別。

舜說：「朕躬有罪，無以萬方。」領導者要具有擔當精神，提升政治德性。做領導的人，自己個人的錯誤，不要推卸責任，不要推給下屬或老百姓。這是政治哲學的精神，是做領導人最重要的政治德性。在社會擔當缺失的情況下，擔當精神更顯得物以稀為貴，擔當精神比能力更重要。

一個團隊出了問題，領導者肯定逃脫不了干係，首先是決策有問題，即使決策沒問題，也存在用人失察、管理不明確的問題。按照責權對等的原則，面對下屬犯錯時，領導者要挺身而出，承擔一些客觀的、恰如其分的領導責任，表面上你吃虧了，可能會受到上級的批評，但被你保護的下屬將會對你感恩戴德。今後你交代的任務，他會赴湯蹈火、在所不惜地完成。而且，這也會對整個團隊傳遞這樣一種訊號：只要好好做，領導是不會虧待大家的。

在《鮑爾風範：迎戰變局的領導智慧與勇氣》（*The Leadership Secrets of Colin Powell*）一書中，作者總結了 18 項前美國參謀長聯席會議主席、1991 年「沙漠風暴」行動的戰爭英雄、曾任美國國務卿鮑爾（Jerome Hayden Powell），其領導成功的法則，他稱之為「鮑爾寶石」（Powell gems）。其中一項是：「傑出領袖若能在失敗時坦承錯誤、成功時讓別人出頭，他們的地位反而會因這兩種做法而更加崇高。」他進一步解釋說：鮑爾一向願意對其決定負起全部責任，這不單贏得部下的忠誠，也是他平步青雲的主因。其實人們是會原諒那些「可以理解」以及「坦白承認」之錯誤的。

案例：商鞅變法，徙木為信

據《史記．商君列傳》記載：西元前 361 年，秦孝公即位，啟用衛國人商鞅實施變法。商鞅起草了一個改革的法令，但是還沒有向外公布。因為商鞅發現，老百姓對政府不信任，普遍認為政府說話不算數，不守信用。

人無信不立，政府沒有公信力，推行法令肯定沒有成效。為了把丟失的信用先找回來，商鞅讓人將一根三丈的木桿豎立在都城的南門，同時張貼布告，誰能把這根木桿從南門拿到北門，就可以得到黃金獎賞 10 兩。

布告發出去以後，很多人都看到了這個布告，大家心裡暗自嘀咕，這麼根木桿，誰都能背得動，而且從南門到北門，路程也很近，做這麼簡單的事，就能得到 10 兩金子，哪有「天上掉餡餅」的大好事？老百姓看著布告，大家議論紛紛，但就是沒人拿，因為他們感到這件事不可靠，政府不可信。

商鞅看到沒人來搬，就把賞金從 10 兩提升到 50 兩。重賞之下，必有勇夫。

這時候，有了第一個吃螃蟹的人，他想大不了白搬一趟，也不是什麼大不了的事。

於是，他從南門扛起木桿，往北門走，四周圍滿了觀望的群眾。他把木頭拿到了北門，政府果然依照布告約定，給了他 50 兩金燦燦的金子。

這個消息不脛而走，很快就在秦國傳開了，大家都說：「政府真是講信用，商鞅說到做到！」藉助這個熱點的新聞事件，商鞅推行變法，賞罰分明，誰違背都嚴懲不貸。老百姓相信政府說的話，對下達的指令、主張都特別信服，秦國社會做到了路不拾遺，夜不閉戶。經過商鞅變法，秦國成為戰國後期最強大的國家。

3. 溝通從心開始

親密度是指與下屬融洽、親密的關係（當下屬感覺到冰冷、疏離時，信任就被削弱了）。親密度的提升關鍵在於溝通。溝通是一個領導者必備的基本素養，卓越的領導者也一定是溝通方面的高手。

高效溝通應包含以下幾個要素：

一是要言為心聲，飽含情感。常言道：「群眾基礎要打牢，天天要往地頭跑。」領導者要學會走群眾路線，「從群眾中來，到群眾中去」，應用謙和的態度，樸素真摯的語言，展示親和力，以情動人，贏得民心。

二是要換位思考，增強同理性。常言道：「要得公道，打個顛倒」。在與下屬溝通的過程中，要以一種平等的姿勢，換位思考，傾聽下屬內心真實的聲音，增強同理性，對下屬的感受和立場表示關懷。當下屬遇到挫敗時，要給予包容和勇氣，關心下屬的人際關係和成長；當下屬表現良好時，要即時給予認可。

三是多用讚許少用批評。讚許比批評更有效，有時具有難以置信的力量。人們有時將擁有一個讚許他的領導看得比金錢、職位更重要。領導者不要吝惜自己讚美的語言，多說「做得不錯」，這樣，不僅能對下屬的工作產生積極的激勵作用，還能拉近領導與下屬之間的距離，從而產生更親近的感覺。比爾蓋茲有一句掛在嘴邊的口頭禪「That is good」，意思是不錯，要繼續努力。

美國 GE 公司前 CEO 傑克．威爾許說：企業領導者能否同下屬溝通對工作成效具有成百上千倍的正效用。傑克．威爾許每年都要把大量時間花在「下基層」上，每週都要去工廠或辦公室進行突擊訪問 —— 和通用各個層面的人員進行交談。他定期和那些比自己低好幾級的經理們共進他們想都想不到的正式午餐。在用餐間隙，威爾許可以吸收他們的觀點和看法。威爾許平均每年要會見通用公司的幾千名員工並與之交流。他從來沒有發過正式的信件、備忘給任何人，幾乎所有的消息溝通都是依靠個人便條、打電話或面對面直接談話。他甚至深有感觸地描述自己的工作：我 80%的工作時間是與不同的人說話。透過這種親自出面的非正式溝通方式，威爾許時刻與下屬保持著高效的溝通狀態，獲得了真實的第一手數據，為其做出正確的決策打下了基礎，也為他在奇異這樣的巨型公司施加了強而有力的影響、為其廣泛而深刻的變革奠定了領導力基礎。不僅威爾許，幾乎大部分世界 500 強企業都要求自己的高級經理拿出一部分時間來下基層，有的甚至詳細規劃到要花多少時間、和多少人見面的程度。

當然，密切與下屬關係，並不是要與下屬「零距離」，要學會運用「刺蝟」法則，掌握一個合理的度，保持與下屬適當的關係，既不能高高在上，也不能把自己完全混同於下屬，彼此不分。「刺蝟法則」指的是這樣一種有趣的現象：兩隻睏倦的刺蝟，由於寒冷而擁在一起，可因為各自身上都長著刺，刺得對方怎麼也睡不舒服。於是，牠們離開了一段距離，但又冷得受不了，於是又湊到一起。幾經折磨，兩隻刺蝟終於找到了一個合適的距離，既能互相獲得對方的體溫又不至於被扎傷。

案例：羅斯福「爐邊談話」

羅斯福著名的「爐邊談話」，是以情動人、化解危機、影響至今的經典案例，他以淺顯易懂的語言，向國家民眾講述國家的政策與方針，鼓舞了美國人民，幫助美國從經濟危機中走了出來。今天，在美國華盛頓的羅斯福廣場，我們可以看到這樣一座雕塑：一個穿著平常服裝的平民，坐在房間一角，側著腦袋，正全神貫注地聽著什麼，原來他是在聽羅斯福的「爐邊談話」。

1933 年 3 月 4 日，羅斯福宣布就職的那一天，美國正遭遇全球性經濟危機，銀行成批地倒閉，擠兌風潮席捲全國，證券交易所關閉，金融作為現代經濟的核心，其心臟已經停止了跳動。

為了挽救金融體系，化解經濟危機，在羅斯福就任美國總統後的第 8 天，他在總統府接待室的壁爐前接受媒體採訪，面對全國 6,000 萬聽眾，發表了舉世聞名的「爐邊談話」。他說：「我要指出一個簡單的事實，你們把錢存在銀行，銀行並不是把它鎖在保險庫裡了事，而是用來透過各種不同的信貸方式進行投資的，比如買公債、做押款。換句話說，銀行讓你們的錢發揮作用，好使整個機構轉動起來……我可以向大家保證，把錢放在經過整頓、重新開業的銀行裡，要比放在床下面更安全。」

羅斯福的這次「爐邊談話」，語言樸素無華，非常親切自然，讓聽眾感覺就像坐在自己的家裡與總統聊天似的，打動了全體聽眾的心。美國民眾深受感動，認為「從來沒有哪一個總統能在如此短的時間內叫人覺得這樣滿懷希望」，堅信羅斯福總統一定能帶領大家走出危機，步入繁榮。

「爐邊談話」發表第二天，驚喜的局面出現了，部分銀行開業了，人們攜帶裝有黃金和貨幣的大箱小包，在銀行門前排起長龍，把不久前排著長隊擠兌出來的通貨，再次存入銀行。只過了 3 天，美國有 574 家銀行開業，幾天裡，銀行回收了 3 億元的黃金和黃金兌換券，不出一週，就有 13,500 家銀行（占全國總數的 3/4）復了業，證券交易所裡又重新響起了鑼聲。

4. 天下為公，智慧捨得，與下屬共享團隊成長

根據蓋洛德和德拉普建立的信任公式，可信度、可靠度、親密度前三項指標都能增加領導者信任，但是如果前三種因素被領導者的個人私利相除，領導者的信任度也會顯著削弱。如果領導者所作的決策是為了個人私利或個人榮譽，而不是為了團隊或成員的利益，「富了方丈窮了廟」，那麼下屬對其的信任會直線下滑。

孫中山說：「天下為公。」領導者胸懷的最高境界是無私。領導者一旦做到無私，心裡永遠裝著下屬，唯獨沒有他自己，就會真正贏得他人的跟隨、服從、合作、尊重與忠誠，贏得下屬的信任、信賴、信服。

無私，說起來容易做起來難，很多領導常常言行不一，難以做到，主要原因有兩點：一是不敢。不自信的人不敢無私，是因為他怕無私損害了自己的利益，失去對下屬、對局勢的控制能力。所以，要無私，領導者要克服不敢無私的膽怯，樹立自信心。二是不願。之所以不願意，是覺得無私得不到應有的回報，不能真正理解捨得的智慧。

布施定律告訴我們：你施出去的東西，必將成倍地回到你身上。曾經有過一個十分形象的比喻：「看見 10 隻兔子，你到底抓哪一隻？有些人一會抓這個兔子，一會抓那個兔子，最後可能一隻也抓不住。CEO 的主要任務不是尋找機會

而是對機會說NO。機會太多，只能抓一個。我只能抓一隻兔子，抓多了，什麼都會丟掉。」

財聚人散，財散人聚。領導者要有捨得的情懷，仗義疏財，與下屬慷慨分享團隊成長的成果。

領導者同樣是團隊的成員，並非是高高在上坐享其成的人，而是應該努力為團隊或下屬的現在乃至未來謀畫的角色，推動團隊與成員的共同發展和進步。在一個團隊裡，屬於領導者應得的好處，你可以坦然取走，大家都能理解，都沒有意見。但是領導如果私心太重，伸手過長，離他再遠的好處和利益他也能一把抓到自己口袋裡，與民爭利。領導吃肉，下屬連湯也喝不上，就會「人心散了，隊伍不好帶」。

5. 攘外必先安內

經營家庭似乎與領導藝術修練沒有直接的關係，但我們常常看到家庭與事業緊密關聯的現象：一個偉大的男人背後，總有一個偉大的女人；一個偉大的女人背後，也離不了一個偉大的男人。

實踐證明，平衡好家庭與事業之間的關係，家庭可以是事業的加油站，可以傳承未竟的事業，「長江後浪推前浪，一代更比一代強」，兩者結合，相得益彰，能夠實現魚和熊掌兼得的效果，讓你功德圓滿，人生更幸福。

曾國藩在事業方面的成績為眾人所皆知，他從一個山村起步，一步步成為晚清「中興第一名臣」、「大清聖哲」，無人能出其右。

曾國藩家書也為大家所熟悉，他的家教思想不僅承接孔子、孟子、朱熹一代又一代儒家大師的思想，而且身體力行，其家族傳承到今天已八代，各類英才層出不窮，打破了多數官宦之家「盛不過三代」的魔咒，100 多年來未見有執絝子弟，全球共有 260 多位教授專家，出現了像曾紀澤、曾廣均、曾廣銓等一代代傑出人物，這個長盛不衰的書香門第對今天仍有現實意義。

曾國藩的家庭教育理論體系為：以八本為經，以八寶為緯，八德、三致祥、三不信、四字要訣穿插其中，經緯相連，脈絡相通，形成一套治家教子的完整可師的家庭教育理論體系。

治家八本即：讀書以訓詁為本，詩文以聲調為本，事親以得歡心為本，養生以少惱怒為本，立身以不妄語為本，居家以不晏起為本，居官以不要錢為本，行軍以不擾民為本。

家訓八寶：即書、蔬、魚、豬、早、掃、考、寶。

修身八德：即勤、儉、剛、明、忠、恕、謙、渾。

三致祥：即孝致祥，勤致祥，恕致祥。

三不信：即不信僧巫，不信地仙，不信醫藥。

四字訣：即勤儉孝友（勤勞儉樸持家，孝敬父母長輩，友好兄弟姐妹，團結左右部屬）。

第五章

結尾

美國前總統甘迺迪（Jack Kennedy）曾收到一封信，邀請他與一些學者一起評價美國歷任總統的表現。不料，甘迺迪卻大發脾氣地說：「學者懂些什麼？他們不曾坐鎮白宮！不曾讀過所有電報！也不曾整天聆聽人們討論問題！」

近年來，雖然我們一直從事領導方面的研究，但對古今中外的領導者，尤其是一些領袖人物、英雄才俊，進行指指點點，或許有些領導者看了之後，心裡也會嗤笑，說些類似甘迺迪的話。但我常常想，沒吃過豬肉，還沒見過豬跑嗎？

孔子說：「朝聞道，夕死可矣。」就是說，就算生命非常有限，能夠把真正的道理弄清楚、整明白，就是死也沒什麼遺憾了。在加拿大，有座森林苗圃的牆上貼著這樣一句話：「種下一棵大樹的最好時機是25年前，第二個好時機就是今天。」

領導藝術的學習和修練永遠不晚，目前最好的時間就是今天。讓我們從今天開始，記住您將死去，「把今後的每一天，都當成生命裡的最後一天」，認真學習和修練領導的藝術。「勇敢者先得」，是世界的一個規律，有時候勇敢地跨出第一步，對自己人生來講非常重要。堅持幾年，您的人生會發生好的變化；堅持十幾年，您的人生就能燦爛如花……

謹以此書獻給那些不滿足於現狀，孜孜以求地努力，希望自己能從被領導者變成領導者，從普通管理者發展為卓越領導者！